ANIMAL ETHNOGRAPHY

新・動物記 3

隣のボノボ

集団どうしが出会うとき

坂巻哲也

SAKAMAKI TETSUYA

京都大学学術出版会

母なる大地よ　あなたはなんてつつましい
私たちを支え　すべてを導かれる
息づく自然よ　あなたはなんてうるわしい
倣いたい　あなたのその姿に

ボノボの赤ん坊

チンパンジーの赤ん坊

チンパンジーやゴリラと違い、腰の毛などの体毛は年をとっても白髪にならない。額の毛も薄くならない。飼育下のボノボは頭髪や体毛を抜いてしまう個体が多いが、野生でそのような個体は見ない。

肌は黒い。顔の肌も、赤ん坊のころから黒い（幼少期のチンパンジーは顔が白い）。頭髪は左右に分かれたように生え、頬のわきの毛は長く、耳介は隠れがち。

子供のころは誰もが持つお尻の上の白い毛は、チンパンジーでは成長するにつれて消えていくが、ボノボでは大人になっても白いままの個体がいる。

頭骨は丸みを帯び、眉の上の隆起と口吻のでっぱりは控えめ。チンパンジーの若年個体の特徴に似る。

ペニスは細くて長い。睾丸の色は黒、白、その間、まだらなどあり、個体識別の参考になる。

研究対象紹介

ボノボ

Pan paniscus

哺乳綱霊長目ヒト科

生息地 アフリカ中央部、

コンゴ民主共和国

体 長 頭胴長70〜83cm

体 重 約30〜35kg

コンゴ河、ルアラバ川、カサイ-サンクル川の内側になるコンゴ盆地に生息する。コンゴ河を隔てて、ゴリラ、チンパンジーと棲み分けている。同属のチンパンジーと比べると、スリムで顔が小さく、いわばスタイルがよい。成熟したボノボには、形態と行動の両面で、チンパンジーの未成熟個体に見られる特徴が多く見られる。

メスは、ヒトと似た月経周期に合わせて、ピンク色の性皮を腫らせる。発情のサインとなり、その時期に交尾がよく見られる。メスどうしは対面して抱き合い、互いの性皮をこすり合わせる「ホカホカ」をする。大人メスのあいだでケンカはほとんどなく、「ホカホカ」することで問題は解消する。

本書に登場する他の種

チンパンジー

アフリカの西から東まで熱帯地域に広く分布し、四亜種に分かれる。体長はボノボと大きく変わらない。写真は東アフリカのチンパンジーで、オトナオス。オスは筋骨隆々とし、ディスプレイの際は、肩のあたりを中心に毛を逆立て体を大きく見せる。ボノボが毛を逆立てることはほとんどなく、逆立てても目立たない。

ボノボの声は鳥のように甲高く、チンパンジーのオスが腹の底から低音を響かせるような迫力はない。夕暮れには、しばしば離れていた個体どうしがピャーピャーと叫び合う。見失ったボノボを見つけるなら、夕暮れ時がねらいめだ。

地面を歩くとき、手の平は地につけず、指の背を地面につけるナックルウォークをする。樹上では手と足の両方で枝を握る。ヒトにはまねできない芸当だ。足の指の間に水かきのある個体もいる。

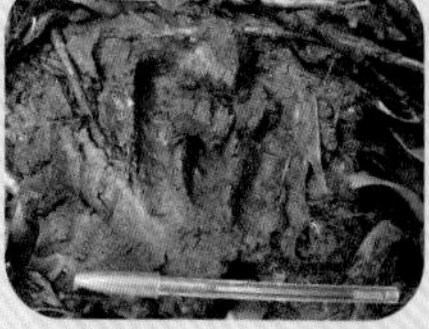

森で見つけるナックルウォークの痕跡

裏庭の森に棲む隣人

ビインボ川を渡る調査助手

コンゴ河の南側に広がる鬱蒼とした熱帯林にボノボは棲む。私たちの調査地ワンバでは、村人が暮らす集落の裏庭の森にボノボが生活している。川沿いに点在する村人のキャンプには、ボノボがアブラヤシの髄などを食べに訪れる。

鬱蒼とした森の中、大木が倒れるとぽっかりと陽の当たるギャップができる。日が昇ってきたお昼前、ボノボはしばしばギャップの倒木の上に集まり、大人たちは毛づくろい、子供たちは遊びに興じる。

毛づくろいの第一の機能は、なんといっても衛生だ。子供は手の届かないところの毛づくろいを母親から丹念に受ける。ダニを取り除くだけでなく、小さな擦り傷などもきれいにしてもらう。とはいえ、大人の毛づくろいは1時間、2時間とつづくこともある。日常を彩る社交のひとときだ。

まとまりのよい集団

ワンバのボノボはメスを中心に1年を通して集まりがよい。強さを示すディスプレイをしょっちゅうするのは若いオスだが、そんなオスにも大人のメスはまったく動じない。あんまりうるさいオスがいると、子持ちのメスたちが束になって追い払うこともしばしば。そんなときも母親は、大人になった息子のサポートを欠かさない。

板根を叩いて離れた個体と叫び合うオス

ワンバの森には他にもさまざまな動物が暮らしている。[左上]ハネワナによくかかるフサオヤマアラシ。[右上]夜に大きな叫び声をあげるキノボリハイラックスの子供。系統的にはゾウの仲間に近いという。[左下]ジャコウネコ科のアフリカリンサン。[右下]ウォルフグエノンの子供。アフリカオオワシが仕留めた獲物を見つけた。

ボノボの食べ物は季節的に変化する。ジューシーな果実を好みながら、草本性の髄や柔らかい新葉もよく食べる。乾いた季節には、村の畑に出てくることも。各自がばらけて採食にいそしんでも、やがては声をかけ合い、他の森へと足を運んでいく。仲の良いワンバのボノボたちだ。

開かれたばかりの畑でボンバンブの果実を食べるオス

[左上から時計回り]大好物のバトフェ／ラムネの味がするボレカ／幹やツルの中に見つかる甲虫の幼虫／ワンバでは唯一ボノボの狩猟対象となるウロコオリスの仲間／ボソンボコの髄の食痕とボンバンブのワッジ／樹上に実るボリンゴの実／地中から掘り出す(おそらくは)トリュフの仲間

豊かな森をめぐり歩く

目次

2章　ワンバのボノボたち――かれらの生活を追う……51

3章 ボノボたちの出会いの祝宴——集団の出会いを追う……107

はじめに

コンゴの森の奥深く、林冠からこぼれる日射しが森の中を照らす。明るい若葉の緑が目にまぶしい。いつも体を流す川のせせらぎに、木もれ日がきらめく。私の上背くらいの高さを、無数の白いチョウが舞う。耳を澄ませば、虫の音、セミの声があたりをつつむ。休止をはさみながら、カエルがささやかな合唱をつづける。どれも日本で耳にする音色とはいささか違い、この森ならではの雰囲気をかもし出している。ときに小鳥がさえずり、そよ風が葉をゆらす。ときにサルの群れがやってきて、その騒ぎ声が森の交響にアクセントをつける。私はこの森にいて、その懐に抱かれている。

私は今、赤道が通るアフリカの心臓部ともいえる熱帯林の中にいる。この森に飾り気なく生きる類人猿がいる。それがボノボだ。ボノボが棲むこの森には、村人もふつうに生活を営んでいる。

もしもあなたがこの森に長く住み、私のように人に慣れていないボノボを観察しようとする日々をつみ重ねるなら、いずれはボノボがあなたのことを見にくることだろう。大声をあげながら、あなたを取り巻くように集まり、一〇、二〇メートルくらいの距離をとりながら、樹上五、六メートルの高さまで降りてきて、まるで人間のような顔を並べ、興味津々とあなたを観察するだろう。人間のような顔？　いや、人間のように見えるのは、きっとあのボノボたちのまなざしのせいだ。

本書はアフリカに生きる類人猿、ボノボのことをつづる動物記である。私はここ十数年にわたり、日本とボノボの棲む森を行き来してきた。どちらにより長く暮らしたかといえば、ボノボが棲む森の方だろう。そんな私の経験にもとづく本書が、ボノボの生きる、この地の自然の美を謳う本になってくれたらと願っている。

そのようなアフリカとの行き来を繰り返していたあるとき、ボノボに魅せられたという、ある日本人の方と知り合った。その方から、ボノボのことを知りたいと思っても、その機会がたいへんに限られるというお話をうかがった。なるほど、そうかもしれない。同じ類人猿でも、ゴリラやチンパンジーと比べると、最後に発見されたボノボはその生息地が限られ、いまだに秘境と呼んでもあながち間違っていないところに棲んでいる。そのような事情もあって、手に入る情報源は限られる。ボノボをタイトルに掲げる日本語の本は、すぐに数え上げることができる。過去の呼び方であったピグミーチンパンジーを含めても、似たようなものだ。

私はそれなりに長いこと、ボノボの棲む森に身をおき、ボノボの観察をつづけてきた。その経験をもってすれば、ボノボという動物を知りたいという人の要望に、ある程度は応えられるかもしれない。ボノボという動物を対象に、フィールドワーカーとしての観察者自身、そして、ボノボの棲む森とその土地に生きる村人についての記述も織りまぜながら、私なりの動物記をつづってみたい。それと同時に、私たちが日々の暮らしの中で感じることのある漠然とした不安、その漠然としたところを、ある一面からとらえられるきっかけとなるように、ボノボが棲む森の現状を伝えることができないだろうか。ここでいう漠然とした不安とは、環境問題や市場経済、自然と人間の関係、そのような問題が絡むところになるだろう。

本書の構成について簡単に触れておこう。まず1章では、私がボノボと出会うまでの経歴のようなこと、それから、どのような関心でボノボを観察してきたかについてお話ししたい。つづく2章では、ボノボの生活の全般を、私たちの調査地であるワンバ村を舞台にした観察にもとづいて紹介する。3章では、私がとくに関心をもって研究を進めてきた、ボノボの集団間関係をテーマにする。4章では、ワンバ村を離れ、他の森に棲むボノボにアプローチしたときの経験と、ボノボの行動の地域変異について紹介する。霊長類の社会進化、ボノボ社会の進化についても解説したい。

最後の5章では、保全というテーマを取り上げる。保全とは、コンサーベーションの訳であり、自然保護とも訳される。あらかじめ用語について注意しておくと、環境保全、自然保護といった言葉は、それぞれ少し違ったニュアンスを持つが、本書ではこれらを使い分けることはしない。すべてコンサーベーションに書き換えるべきところだが、長いカタカナ書きは少し煩わしいので、保全という言葉も使うことにした。さて、私はここ一〇年来、ボノボとかかわる中で、コンサーベーションという言葉とは否応なく出合いつづけてきた。正直に言えば、「コンサーベーション」とは何かという問いに、私はまだうまく答えることができない。この最後の章で私が試みるのは、私が知るボノボの棲む森のあたりで何が問題だったかを、私なりに整理してみることである。グローバルな市場や各国の政策といった問題も、ボノボとコンゴの将来を思うときに見逃してはならない視点ではあるが、本書で詳しく触れることはできない。

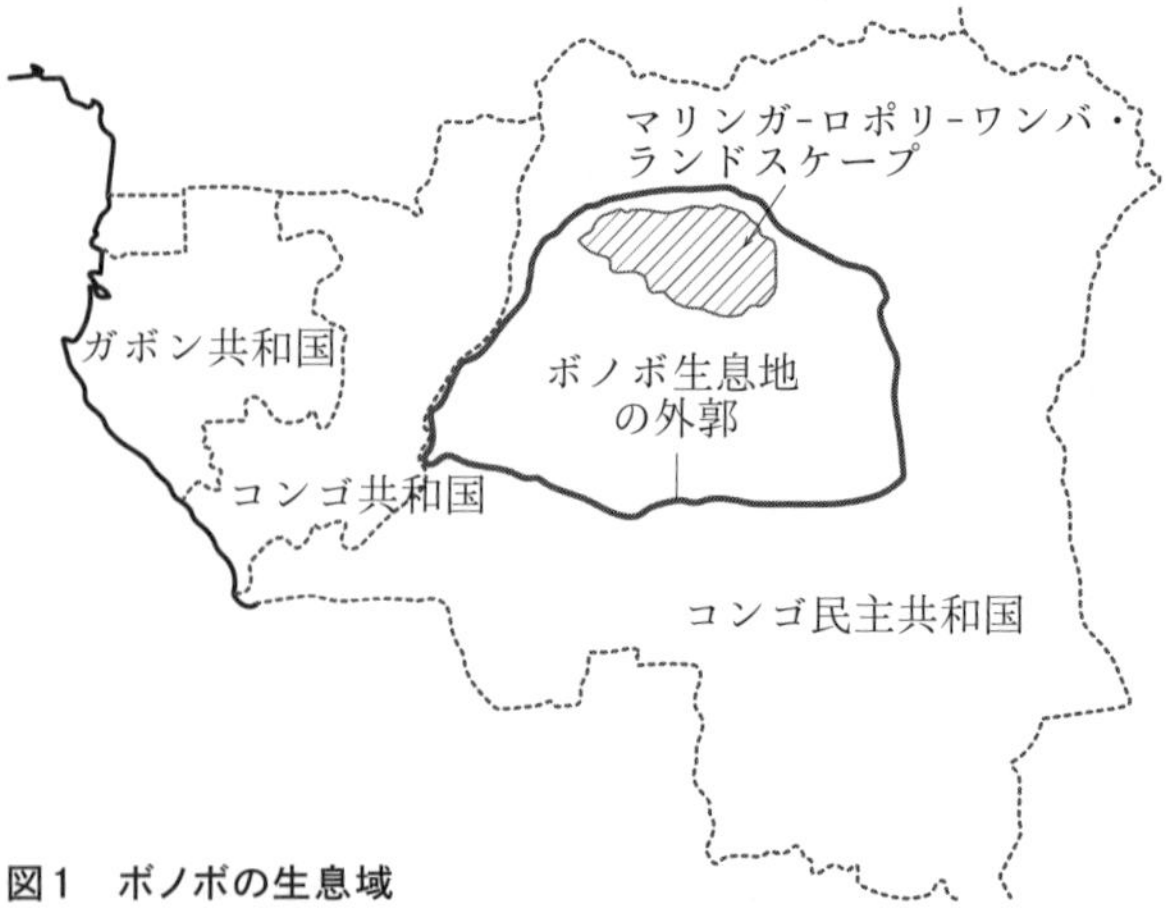

図1　ボノボの生息域

ちなみに、コンゴと名のつく国は二ヶ国ある。ボノボが棲むのは、かつてザイールと呼ばれたコンゴ民主共和国の方だ。首都のキンシャサは、隣国コンゴ共和国の首都ブラザビルとコンゴ河を挟んだ向かいに位置する。西側の国をコンゴ—ブラザビル、東側のボノボが棲む方をコンゴ—キンシャサと呼ぶこともある。本書ではとくに断らないかぎり、コンゴといえば、ボノボの棲む方のコンゴと思ってほしい。

もしも人から、人間よりボノボを守る方が大切なのですか、と素朴に問われれば、私はどぎまぎしてしまう。それでも、現代社会を動かす人間の欲望というものに果てはなく、そんな欲望を自覚している人がほとんどだとしても、私たちが現代の「豊かさ」を享受している限り、耐える自然はそこにある。人々が対峙する自然ではなく、私たちがその一部である自然、私たちの身にやどる自然、自然はひとつであるということ、漠然とではあるが、そのような想いを抱きつつ、はじめの章へ入っていくことにしよう。

1章

森への序章

1 ボノボの棲む森から

鬱蒼とした森の中、視界の奥の樹上を、ピャーピャーと鳥かと思うような甲高い声をあげて、黒い影が通り過ぎた。大きいな、樹上でよく見るサルよりも。両手で枝を握り、ぶらさがった勢いで、樹上から駆けるように降りていった。バサササササーン……、枝がたゆんで、多くの葉が擦れ合う。他のサルとは音の立て方が違う。そして、その黒い後ろ姿が私の脳裏に残る。鉄棒にぶらさがる人間のようではないか。ふつうのサルには、まねできない芸当だ。腰が伸びた背中の残像、そう、かれらには尾がないのだ。ボノボ、森で出会う動物に、こんな奴らがいるのか。新鮮な緊張に私の身体は固くなったまま、高鳴る胸に興奮を覚えている。

ボノボが棲む森では、かれらが樹上に作るベッドを見つけることができる。ボノボが棲む森かどうか、村人から聞く情報を参考にしながらも、実際に確かめるには、樹上のベッドを探すとよい。同時に食痕も探すようにする。私のような研究者が調査に入らない森では、ボノボたちは人と出会うことに慣れていない。かれらは深い森の中で、樹上にベッドを残し、ときに甲高い叫び声をあげ、黒い後ろ姿の残像を目撃者の網膜に残していく。

私は今、コンゴの森にいる。アフリカの中央部、コンゴ河という大河の南側に広がる熱帯林、ここがボノボの棲む森だ。この森で私は、ボノボの動物記の執筆をはじめた。ああ、なんという僥倖だろう。

熱帯林で巨木が倒れると、森にぽっかりとギャップが開く。森の中では、木々の樹冠が頭の上を覆っていて、上を見上げても見える空は限られる。そんな森で、背の高い木が倒れると、周りの木を道づれになぎ倒し、熱帯の太陽が地面に降りそそぐ場所が開ける。そのような場所を、ギャップと呼ぶ。

私は今、そんなギャップのように開けた森の中のキャンプにいる。ここは人間が開いたギャップで、幅二五メートル、奥行き五〇メートルくらいの広さがある。強い日射しと雨を避けるために、あずま屋をこしらえた。あずま屋の屋根には、川の近くに生えるヤシの仲間の葉を利用した。その下に、一人用のテントと日本から運んできたスーツケースを並べている。私が執筆する机の向こうでは、コック兼キャンプキーパーの調査助手が、キャンプの近くで見つけてきた重い薪をどすんと地面に落とした。額の汗を手で拭う。私は彼にリンガラで話しかける。この地方の公用語だ。

ここは、ワンバ村で一〇年あまりを過ごした後に、私が新しく選んだロマコの森の調査地だ。そうして、今も私はボノボの棲む森にいる。

汗にたかるミツバチ、ときは五月、ミツバチにたかられるピークは過ぎつつある。だから、執筆もできるというものだ。とはいえ、袖の下に入られては胸をはだけて逃がす。うまく逃がさないと私の肌にお尻の針を置いていく。針が刺さっても、もはや大して腫れはしない。体も慣れる。それでも、ミツバチの針が刺さったときの痛みには、今でも思わずまぶたを閉じ、空を仰ぎたくなる。それは一瞬のようで、時間は止まる。私は肌に残った針を指先でつまみ、うらめしく見つめてから、はじき捨てる。

ミツバチが木の幹の巣にためる甘い蜜は、私たちの身体に喜びを与える。疲れた身体は、舌が甘いと感じるものに喜ぶ。森のキャンプで甘いものは貴重だ。グラスの底にハチミツをうすく垂らし、そこに焼酎をしずかに注ぐ。四〇度を越える強さの焼酎で、おもにトウモロコシで作ったこの地方の地酒だ。少し臭みがある。こちらの人に教わった、こんな飲み方をまねて味わうのも悪くない。

グラスを傾ける私の視界の隅では、たくさんのミツバチが地面の小便跡にたかっている。昨夜の私の痕跡だ。そんなミツバチを横目に眺めながら、熱い焼酎が私の喉を焼きつつ胃袋へと落ちてゆく。小便跡にたかるミツバチの集めた蜜が、私の舌のわきに甘みの潤いを残していく。

うっとうしくつきまとう虫、チクチク刺してくる虫が多いアフリカの森で、短くて数ヶ月、長くて一年、そのような生活を二〇回以上、繰り返してきた。そんな生活は、ミツバチにも腹を立てないくらいの寛容さを私に培ってくれた。短期滞在では果たしがたい夢、あこがれるかどうかは別にして。

もう少ししたら、川へ体を流しに行こう。くるぶしにひたるくらいの源泉ちかくの水だ。石鹸を肌に塗るようにして汗を流せば、少しはたかるハチも減るだろう。調査助手たちは、ボノボを探しに森へ行っている。きっとかれらはボノボを見つけてくるだろう。そして明日は、私もボノボの生活の場へ分け入っていくことにしよう。

ボノボとは、だいぶ長いつき合いになってきた。ボノボとのつき合いは、ボノボが棲む森とのつき合いであり、そこに住む人々とのつき合いだった。本章では、そんなボノボと出会うに至るまでのことを紹介することにしたい。

2 ボノボの森へのいざない

長期調査地からのスタート

私は、一九九七年にタンザニアでチンパンジーの調査をはじめ、二〇〇七年にコンゴでボノボの調査をはじめた。どういうわけか、ほとほと長期調査地とは縁がある。

一九九七年にチンパンジー調査をはじめたのは、タンザニアの西部、タンガニーカ湖畔に位置するマハレ山塊国立公園にある調査地だった。私をアフリカの類人猿研究へ導いてくださった恩師、西田利貞さんが一九六五年に調査をはじめられた場所である。[1][2] 二〇〇七年にボノボ調査をはじめたのは、コンゴ河の南側に広がる熱帯林のほぼ中央部、ワンバと呼ばれる小さい村にある調査地だ。西田さんと同世代の加納隆至さんが、一九七三年にボノボ生息地の広域調査をおこなったときに見つけられた調査地の一つである[3]。

新たな動物の調査をはじめるとき、まずは手に入れられる限りの情報に基づき、生息地と思しき地域の広域調査を遂行するものだ。そのようなフロンティア・ワークを通して、一ヶ所でおこなう集中調査に適切な場所を見定める。その後の集中調査が成果をあげることで、長期にわたる定点調査が現実となる。どれくらいの調査期間が必要かといえば、それは調査の目的によるし、対象動物の寿命なども関係してこよう。たとえば、ボノボをはじめとする類人猿の調査であれば、調査地を定めた後の集中調査に最低一、二年はみておいた方がよい。そして長期調査地と呼ばれるようになるには、少なくとも一〇年くらいの調査継続が必要だ。しかし私の経験は、このような時間的順番の逆をたどる。すでにあった長期調査地での集中調査にどっぷりつかり、その後で、広域調査などを繰り広げてきた。

私が長期調査地で出会ったチンパンジーとボノボたちは、すでに観察者によく慣れていた。集団の一個体一個体に名前がつけられ、生年月日を知ることさえできた。そのような集団を、毎日、朝から晩まで追跡し、観察してきた。そんな中で、ふと思うことがある。果たしてかれらは、純粋に自然な姿を見せてくれているのだろうか。純粋に？　多くの時間をつきまとう観察者のために、何か特別なふるまいを身につけていることはないだろうか。私たち研究者と出会う前のかれらの姿、人に慣れる前のかれらの姿を見てみたい。

タンザニアで一〇年、コンゴで一〇年、私はいずれも、はじめの数年は長期調査地の集中調査に夢中になり、その後、人に慣れていない同種のかれらと出会うことを目論み、広域調査を手がけ、新たな集団を人に慣れさせる努力を重ねてきた。

人に慣れたボノボ、人に慣れていないボノボ、そして、徐々に私たちに慣れていくボノボたち。詳細な行動観察は、対象動物が私たち観察者に慣れてくれないと難しい。慣れるとは言っても、親しくつき合うという意味ではない。私は、数少ない特別な出来事を除けば、観察対象の動物に触れたことはないし、声を掛けたりもしない。観察者は、静かに小さく目立たない石ころのようにふるまい、そしてつぶさに観察するだけだ。見つめる時間が長くなるほど、親密な感情は増すかもしれない。でも、そのような感情は表に出さないように心がける。ときに視線が絡んでしまうような経験はある。そのような場合も片思いに終始し、その気持ちをひた隠しにするのが望ましい。お互い、決して取りはらわれることのない、相手に対する畏れというものを大切にしている。

慣れてもらうとは、私たち観察者の存在を無視してくれるくらいに、気にしなくなってもらうことである。気にならないことなど決してない、それはそうなのだが。

人を怖がり警戒する動物を観察者に慣れさせる、そのプロセスを私たちは「人づけ」と呼ぶ。観察したい動物の欲求をくすぐるように、魅力的なエサを見せ、ときに与えることで観察者に慣れてもらう方法もあり、そのような方法は「餌づけ」と呼ばれる。餌づけと人づけのあいだには、どのような違いがあるのだろうか。魅力的なエサを用いた場合も、その後では、エサがなくても慣れている動物がいる。

野生霊長類を対象とする研究史の中で、餌づけによる研究成果がもてはやされた時代があった。その後で、餌づけはよくないが人づけは可、という雰囲気の時代があった。今はその延長にある。餌づけは、与える食物の量にもよるが、動物の活動や行動へ与える影響が計り知れない。人獣共通感染症への対策は、今も試行錯誤をつづけているのが現実だ。とはいえ、餌づけはよくないが人づけは可、とはどういうことだろう。餌づけも人づけも、野生に生きる動物を対象とした実験的手法で[4]あるところは、どちらもよく似ているように思えるのだが。

森の達人との出会い

さて、私のアフリカの話をしよう。私の森の体験は、私が師と仰いだ森の達人とともにあった。私は一九九七年から九八年にかけての一年間、タンガニーカ湖畔のマハレの調査地でチンパンジーを追った。大学院に進学したばかりで、研究のための問いの立て方や分析方法を念頭においたデータ収集のことなど、それらの重要性を実感としてはわかっていなかった。はじめは、チンパンジーを追跡し観察する技術を身につけようとした。マハレの山にいる動物の痕跡の一つひとつと出合うたび、その動物の姿を追うことに魅せられていった。

その後、一九九九年に再び同じ森に戻った私は、あらためて一年間の調査を遂行した。毎日がチンパンジーの追跡技術を磨くトレーニングであることに変わりはなかったが、今度はその技術を、まだわかっていないことを確かめるため、まだ他の人が見ていないことを観察するために活かそうとした。

　私が師と仰いだ森の達人と同じときを共有したのは、そのころのことだ。師といっても、とくに弟子入りを申し出たわけではない。私が心の中で、勝手に師と仰いだまでのことだ。ひとまわりくらい年長だったと思う。かつてマハレの山に点在した集落の一つで育った男だった。一九六〇年代後半にはじまるタンザニア政府の集住化政策は、そうそうすぐに山の奥まで至ったわけではない。彼が生まれ育った村を含むマハレ地域が国立公園になったのは一九八六年のことである。

　彼は森に詳しかった。視界をよぎった動物の姿、近く遠くに聞こえる動物の声、道すがらに見つけた痕跡なんかについての私の問いに、彼はいつも簡潔に答えてくれた。そんな動物たちの活動場所、習性、食べ物、繁殖の妙味、子供の成長、社会の形などについて、私は彼から多くを教わった。向こうの人にはめずらしく、口数の少ない男だった。彼が動物について語るのを聞くのが好きだった。私のスワヒリ語は片言だったが、彼にとって第二言語であるスワヒリ語は、私には聞き取りやすかった。いつも、まるで動物図鑑の記載のように、具体的で正確な説明を与えてくれた。彼が知る事実についての客観的な表現は、動物学者に勝るとも劣らないものだった。

　彼は器用で、山刀一本で調理用のへらなど簡単に作ってしまったが、字は書けなかった。領収書へ署名するときが、おそらく唯一のペンを握る機会だったろう。字を書く技術というのは、しゃべり言葉と同じくらい、覚えのよい年ごろに学ぶ必要があるのかもしれない。そのような彼の育ちを思うと、彼が動物図鑑にある記載を読んで頭に入れたなんてことはないだろう。彼はただ、彼が見たもの、経験したことを、この出来の悪い弟子に、彼の知る言葉で率直に語っていたにすぎない。それにしても彼は、私が見せる動物図鑑の動物の絵を眺めるのはとても好きな男だった。

私は、彼の語りに見え隠れする知識と経験に魅せられた。そこにある彼の世界、私の知らないその世界にあこがれた。近づきたいと思った。

あるとき、チンパンジーを追った尾根で、地面に生える小さな実生が倒れていた。倒れた方向には、谷筋へ降りる斜面がつづいていた。彼は、私たちが追ってきたチンパンジーがここを通り、谷筋へ向かったと言った。私は疑った。他の動物でも同じ実生を倒すことができる。私は他に倒れている草を見つけ、彼に聞いた。これはどうだ、これだってチンパンジーが倒したかもしれないじゃないか。すると彼は答えた。倒れた草の上のあたりを指して、この枝、このツル、この高さをチンパンジーはくぐらない、と。

このときの経験を思い出すと、あのころの私は、けもの道のなんたるかも知らなかったかと、我ながら恥ずかしく思う。今でなら倒れた草が目につけば、その草の折れ口を眺め、その周囲を調べ、どんな動物が、どれくらい前に、何頭くらいでそのあたりを通ったかを確かめようとする。

私はあのころから、どれくらい彼の世界に近づけたのだろうか。故人となった彼に、今はもう、思い出の中で会うことしかできない。

チンパンジーの出会いと挨拶を追って

私はかつて森の師と出会ったマハレの森で、チンパンジーの集団メンバーが、かれらの遊動域の中で離れては再会する、そんな遊動生活の中で起きている、かれらの「出会い」を観察しようと試みた。それは、チンパンジーが「挨拶」をする動物だと聞いていたからだ。ここで詳しく触れるゆとりはないが、動物の行動で「挨拶」と呼ぶ場合に、教科書的な定義があるわけではない。ある行動パターンが進化の過程で誇張され定型化する「儀礼化（ritualization）」した行動を指すこともあれば、出会い頭という文脈の社会交渉を指す場合もあり、それらは交尾の誘いにつながる求愛行動であったり、攻撃交渉にともなう緊張緩和や仲直り行動であったりする。あるいは、求愛とか緊張緩和といった、これぞという機能がはっきりしないときに、「挨拶」としか言いようがないとする場合もある。

調査基地のプレハブを叩くチンパンジー

さて、私が観察したチンパンジーは、ときに数週間ぶりの出会いというとき、どこで聞きつけてくるのか、久しぶりに見る個体が次々と現れ、方々で大声が発せられ、ディスプレイの応酬する興奮した大騒ぎを催したものだった。[5] なにしろ森のチンパンジーとは、うるさい動物だ。森にいて、こんな大騒ぎをする、うるさい動物を他に知らない。大声を張り上げる喧騒は、集団の騒ぎをもり立てる。板根を叩く太鼓のような音も、遠方まで響く。他の動物には、まねできない。もちろん、季節によってはチンパンジーの声がほとんど聞かれなくなってしまうし、かれらの騒ぎをよく耳にする時期でも、一日のうちの多くの時間は、森の静けさの内にとけこんでいるというのが、かれらの日常だ。

かれらがときに出会って大騒ぎすることで、かれらの存在は、一、二キロの範囲へ容易に知れわたる。尾根沿いを歩いていて、眼下に広がる谷筋の向こうからチンパンジーの大騒ぎが聞こえてくることがある。距離の感覚をたとえるなら、京都の大文字山の上で夕焼けに染まる街並みを眺めながら、街の喧騒が耳に届く、そんな感じだろうか。そういう遠くから届く大騒ぎの声を聞くだけで、そこで繰り広げられているディスプレイの応酬を想像することができる。立派なオトナオスが肩をいからせて走り抜け、メスやワカモノらが大声を発して駆けつける、そんな姿を、私はかれらと興奮を共有しながら脳裏に描く。遠く離れた尾根の上に、私のような観客がいるとはつゆ知らず、チンパンジーたちは、かれらの饗宴に興じるのである。

それにしても、チンパンジーの社会交渉の中に、人間の挨拶とよく似た行動が見られるのはたしかである。チンパンジーには、他個体と身体接触できる距離に近づくところでの気づかいが顕著に見られる。[6] ときに相手に向かって手をさし出し、さし出された方は顔をそらすように無視すること

こちらに背を向けて座る2頭のオスへ、向こうから2頭のメスが近づきパントグラントしている。

が多いが、手を伸ばし返して指先に触れることもある。手を握るわけではないが、私たちの握手を彷彿とさせる。チンパンジーに独特な挨拶として知られる最たるものが、オッオッオッオッ、と呼気と吸気をリズミカルに繰り返す「パントグラント」を発しながらおこなう挨拶だ。[7]これも相手と距離をつめるときに見られる行動で、その発声の際には、ときに腰、というか胸のあたりを低く落とし、上体を上下にゆすったりもする。その姿は、日本人のお辞儀を連想させる。地面を歩いているときに相手と並び、片腕を相手の腰に回すこともある。出会い頭に両腕を左右に開いて、相手に抱きついたりもする。立派なオトナの二個体が互いに正面からがっしりと両腕で抱き合い、大きく開いた口を斜めにかみ合わせてキスすることもある。

チンパンジーの原野からボノボの森へ

マハレの山でチンパンジーの出会いと挨拶を追いつづける調査に明け暮れる中、私は新しい関心事が胸にわいてくるのを感じていた。その一つは、私が観察をしているこのチンパンジーたちとは違う、もっと乾燥した原野に棲むチンパンジーへの関心だった。

一九六〇年代の野生チンパンジー研究初期のころから、マハレの山の周辺の、より乾燥した地域のチンパンジーは、一つの集団がかなり広大な遊動域を有していることがわかっていた。年の半分を占める乾季には、緑色の葉をつけた常緑樹が残る場所は限られる。そのような地域のチンパンジーは、湿潤林のチンパンジーの一〇倍か、それ以上の広さを遊動しているかもしれない。一つの集団が、一〇キロ四方、あるいは二〇キロ四方におよぶ広さを遊動している可能性が過去の調査から指摘されていた。そのような想像を絶する広大な遊動域を使っているとなると、ときに同じ集団のメンバーと出会うにしても、離れていた期間がマハレの調査地で見てきたチンパンジーよりはるかに長いのではないか。そのような社会においても、よく見知った集団のメンバーというのがちゃんとあるのだろうか。集団メンバーの輪郭、集団の構造というものが保たれているならば、そのような離散の程度が激しい生活にこそ、かれらの「挨拶」の本質を見ることができるかもしれない。そんなことを考えていた。

調査地の周りに広がる乾燥林、マハレ山塊の東側に広がる原野の話を私は森の師匠から聞いていた。かつて彼の育った集落の話、ゾウが闊歩し、バッファローが駆け抜ける疎開林、たくさんのキリンたちが南の原野から押し寄せてきたときのこと、そんな、いてもたってもいられなくなるような話に胸を躍らせ、いつかは私が足を運ばなければいけない場所、そういう想いを強くした。

私の胸にわいていた、もう一つの関心事は、チンパンジーの集団と集団のあいだの関係だった。マハレで調査対象のチンパンジーを追っていると、遊動域も周縁の方へきたときに、遠く離れた山の方からチンパンジーの声のすることがあった。今、私の周りにいるチンパンジー、かれらが誰なのかはわかる。こいつらを追ってきた昨日、今日、誰がどこで分かれたか、今はどこにいそうかを把握している。しかし、この方向から上がる声は、間違いない、私があまり足を踏み入れたことのない山の中、あれは私の知らない別集団のチンパンジーの声だ。

遠くから届く隣接集団の声に反応するチンパンジーたちの行動には、目を見張るものがあった。オトナオスたちが寄り添うように密に集まり、そのときの頭数にもよるのだが、ときに大声の合唱を散発的に繰り返し、一気に隣接集団の声の方へ、数百メートルも駆けだしていく。そのオスたちの中に、幼子を持たない性皮を腫らしたメスが混ざることもあった。遠くから聞く者にとっては、威嚇的な大声を発するオスたちがすごい勢いで近づいてくることになるわけで、それは脅威に感じられるのではないか。実際に出くわすところまで接近することは、まずなかったのだが。

この隣接集団に対するオスたちの連帯からは、同じ集団のメンバーがつるもうとする強い衝動と、相手方に対する緊張、おそらくは恐怖感のようなものが見て取れた。そこには、日ごろは見られない、あまりに異質な特別な緊張感が感じられた。集団のアイデンティティとは、こういうことなのだろうか。何か見てはいけないものを見てしまったような、そんな気さえしてしまう。

それにしても、相手は誰だろう。そのころの私は、だいぶマハレの森の隅々まで歩き慣れたと思っていた。しかし、それは、一つの集団を追いつづける中での感覚にすぎなかった。隣接集団のチンパンジーの声は、おそらく数百メートルは離れていた。だいたいの場所の見当はつく。しかし、当時の私には、遠くの声を聞くことしか叶わなかった。というのも、人に慣れていないチンパンジーに、人がつき従っているチンパンジーが近づけば、気づかれた時点で、たちまちに立ち去られてしまうからだ。私は何度か、そんな失敗をした。私がいなかったら起きたかもしれない、何かしらの集団間の出会いの機会を、小さく目立たない石ころのようであるべき観察者が干渉してしまったのだ。

集団の中で見るチンパンジーは、勝手気ままに離散したがる個体性の強さを印象づけてくれるのだが（詳しくは2章を参照）、かれらはいったい、他の集団のチンパンジーとは、どのようなつき合いをしているのだろうか。私が知るのは、大声をあげてけん制し合い、直接の出会いを避け合うかれら、あるいは、声が聞こえた時点で、だんまりを決め込み、静かに遊動域の中央部へと戻っていくかれらの姿である。ときには、同種の個体が殺し合うという、殺りくに至る出会いもあることは、それまでの研究者の努力で知られていた。同種殺しをするというチンパンジーの姿は、人間社会の負の側面との類推で興味が持たれるし、動物の中でも特筆に値する。しかし、チンパンジーの集団間関係が、それに尽きるはずはないだろう。3章で詳しく触れるが、若いメスは思春期を迎えた年ごろになると、他の集団へ移籍していくのである。隣接集団に示す、あまりに強烈な緊張と興奮、そして注意と関心、社会生活の集中と分散が持つ大いなる謎が、集団と集団のあいだにあるような気がしてならなかった。

二〇〇五年のこと、私はより乾燥した地域のチンパンジーに出会うことを目指し、すでにタンザニア西部の乾燥疎開林のチンパンジー調査をつづけていた伊谷原一さんと小川秀司さんのお世話になり、チンパンジーが棲みそうな疎開林を探索する機会を得た。同時に、マハレの調査地では、隣接集団の調査ができそうな場所を見定めるため、北の森、東の森、南の森とめぐり、その中で、北側に接する隣接集団を相手に、マハレ調査隊をけん引する一人の中村美知夫さんとともに、チンパンジーの人づけを試みた[8]。

乾燥林の調査と隣接群の調査は、二年目の二〇〇六年も後半になると、いくつかの課題に直面していた。前者では、その先に目指す定点での集中調査へ向けて、何か具体的な新しい次のステップを考えなければいけない状況にあることを実感していた。後者の隣接集団の人づけでは、時期によっては観察時間が増えたときもあったが、この先、人づけを進展させるには、何か根本的な方法の革新を図らなければいけないと、焦りにも似た気持ちを抱いていた。

そのような想いでマハレの山にいたとき、タンザニアの疎開林をともに歩いた伊谷さんから、思いがけない誘いを受けた。ボノボの調査地であるワンバに長期で入ってみるつもりはないか、研究

チンパンジーのオスたち

は好きなことをしてよい、もしよければ二年間のポスドク研究員のポジションを用意する、そのような誘いだった。伊谷さんは、かねてからボノボを研究していた人だった。

ボノボについては、当時でも、それまでの野外調査を通して基本的な社会生態に関する情報は出そろっていた。しかし、そのほとんどが、二ヶ所の調査地からのものだった。日本人研究者によるワンバと、西洋の研究者によるロマコだ。集中調査が継続するワンバでは、ボノボの個々体の生活史をふまえたうえでの集団構造の変遷についての研究は、これからというところだったろう。しかし、一九九一年に起こった首都キンシャサでの暴動を皮切りに、その後の内戦、戦乱に至る情勢の中で、調査の中断が繰り返された。

二〇〇〇年代に入り戦乱の状況が落ち着いてくると、ワンバを含め、いくつかの調査地でボノボ調査が再開された。しかし、新人研究者を長期で送り込むには、不安が残る情勢がつづいていた。そこでワンバ隊の研究者は、調査基地を立て直すために、フィールド経験があるポスドクくらいの研究者で、現地に長期滞在できる人を探していたのである。そのようなときに、タンザニアで村人ともうまくやっているように見えたという私のことを、伊谷さんが推してくれたのである。

かつてはザイールと呼ばれた国、アフリカの中でも癖が強く、当国での調査は困難を極めるという話を大学院生のころから聞いていた。思いがけないチャンスであった。役人との厄介な交渉や癖の強い村人とのつき合い、いつ変化するかわからない情勢の見極めなどが求められるコンゴでの調査だ。困難と聞けば、身体の奥でくすぶる何かが熱を帯びてくる。このような喜びは、そうそう経験できるものではない。二年間、コンゴの森に入りびたりというのも悪くない。しばらくは乾燥林のチンパンジーとマハレの調査から離れなければいけないが、それに勝る魅力をコンゴでのボノボ調査に感じてしまったというのが正直なところだった。

3 進化という世界へ

関心の原点

どうしてアフリカでチンパンジーを研究しようと思ったのかと、人から聞かれることがある。しかし、私はあまり明確な答えを持ち合わせていない。少なくとも大学進学を決めたころ、アフリカや野生動物といったことに関心があったわけではない。その後の出会いと縁が私をアフリカのチンパンジー研究へと導いた、そういうことだろう。

私は大学に進学したころ、夢に向かって努力する人物像にあこがれていた。しかし、その夢が何なのか、結局はよくわからなかった。ただ、まだ見たことのないものを見てみたい、経験したことのないことを経験してみたいと思っていた。学問へのあこがれはあった。学問は未知の意識を旅する道具になるかもしれない、そんな漠然とした期待を抱いていた。そして私は当時、はるか遠くに感じられることが気になっていた。それは、天空の宇宙の時間であったり、生物の進化の時間だったりしたのだけれど、理学部生として数年が経ったころ、専攻として生物学を選択したのは、天空よりも進化の意識に近づいてみたいという想いが強かったからだろう。

共通するところがありながら、違うところもある。この世の中では、そのような現象に、まま出

Column 1

生物の分類と進化

生物の分類では、祖先を同じくする生物すべてを1つの分類群に含むことが望ましいとされる。単系統群という考え方だ。以下で生物分類上の階級を示す語を「　」に記してみよう。生物はいくつかの「界」に分けられ、その一つ、動物界にはさまざまな「門」があるが、そのうちの脊索動物門の中に位置する脊椎動物の中に哺乳類があり、分類階級では哺乳「綱」となる。その中の霊長「目」に、類人猿とヒトからなるヒト「上科」があり、ホミノイドと呼ばれる。ヒト上科から、小型類人猿とも呼ばれるアジアのテナガザルの仲間を除いたものが、大型類人猿とヒトを含むヒト「科」、ホミニドになる。今に生きるヒト科の成員は、アジアに生息するオランウータン（ポンゴ「属」3「種」）、アフリカに生息するゴリラ（ゴリラ属2種）、チンパンジーとボノボ（パン属2種）、そして南極以外の全大陸に生息するヒト（ホモ属1種）となる。

ヒト科の共通祖先から、はじめにオランウータンの仲間、次にゴリラの仲間、最後にパン属の仲間が分岐したことが、形態学や分子生物学から示されている。しかし、その共通祖先の特徴を推測するのは、化石の資料が限られるために難しい。現生の類人猿は、それぞれに進化してきた姿を私たちに見せているのであって、共通祖先から大きく変わっている可能性は高い。

合う。共通項を持ちながらヴァリエーションが認められるとき、そのような現象の成り立ちを説明する一つの論理パターンがある。それは、起源が一つで、その後に時間をかけて分化した、というものだ。この理屈を理解するには、時間は過去から現在へ流れていることと、物事は時間とともに変化することを前提として認める必要がある。世は無常なのである。だから生きるシステムというものには、変わることにあらがうかのように偶発事に対処する仕組みがいくつかの水準で備わり、その結果として、同一性を保ちながら変化するということが起こるのだろう。

起源を同じくするから、いかに多様であろうと、それらのすべてに共通項を認めることができる。たとえば、どんな生物にも顕微鏡で観察できる細胞構造があるように。生物の進化を説明する仮説はいくつもあり、適用されるレベルもいろいろだが、一九世紀後半にチャールズ・ダーウィンの『種の起源』が西欧の知識人の間で広く読まれて以降は、このような分化という考え方が軸になっている。『種の起源』の中に出てくる唯一の図は、祖先種が複数に分岐しては、その多くが消滅するということを示したものだ。人間の言語や文化の多様性についても、一つの祖先から分化したとする仮説が適用されることがあり、そのために、文化の進化、という言い方もされるのだろう。

生物の進化は、大絶滅と、その後につづく、それまでになかった生き物たちの誕生の連続だった。誕生と言っても無生物から生物が生じるのではなく、すでにあった祖先種からの分化であり、分岐である。他の生物がいなくなった空間、空白として見出された生態的ニッチに進出するプロセスにおいて、偶発事への対処に応じた変化が積み重なり、進化、つまり、生きる物たちの展開が起こるのである。

ボノボに見る人類進化とは

私はかつて、チンパンジーの観察をつづける中で、ときに不思議な感覚を覚えることがあった。胸の奥がほのかにどぎまぎし、いわば私の中の人間が試されたかのような余韻が残る感覚である。この感覚を、何かもっと手に取れるような形にできないだろうか。そのようなことを思っていた。そのことが、つまりは人間とは何かという問いにつながる気がしたし、人類進化研究へ貢献する醍醐味がそこにありそうな予感がした。しかし、この漠然とした感覚を、いかに形にすることができるというのか。そこに降ってわいたボノボ研究のチャンスであった。チンパンジーとボノボは、私たちヒトと同等に近縁なパン属の二種である。一つだけを見ていたときにはぼんやりしていたことが、比較対象を持つことではっきりと浮き上がってくることはある。私のこの身をもっての観察で、チンパンジーとボノボを比較したなら、そこにはいったい何が浮かび上がってくることになるのだろうか。

ところで、人類進化研究というのは複合的な分野である。古生物学、分子生物学、形態学、動物学などが、それぞれの研究手法で、進化過程の復元や進化にかかる選択圧を明らかにしようと挑んでいる。それでは、私のようにアフリカの森に棲むチンパンジーやボノボの生きざまを観察するという手法によって、人類進化のどのような側面にアプローチすることができるだろうか。

私が関心を抱く人類の特徴は、雑な言い方を許してもらうとすれば、社会とヴァリエーションということになる。おそらくは、実際に等身大のボノボを観察するという手法が、もっともその実力を発揮できるテーマではないかと思う。4章ではボノボの行動の地域変異について触れるが、それはボノボの種内のヴァリエーションということになる。目を向ける対象を種間へ広げると、そこには社会という大きなテーマが横たわっている。なにしろ霊長類の社会というのは、その多様性において目を見張るものがある。

ところで、社会とは何か。霊長類学では、英語のソーシャリティ(sociality)を指す、というのが一般的な見解の一つだろう。日本語にすれば、社会性、群居性となり、個体と個体のかかわり、つき合い、交際、社交ということになる。

それにしても、私たち人間というのは、とても社会的な動物である。ときに調査キャンプの庭のニワトリに見とれ、そこにはオンドリがいて、メンドリがいて、メンドリの後にはひな鳥たちがちょこまかとついて回っているのだが、頭の中でニワトリの行動レパートリーのリストを作成してみたりする。そして、ふと我に帰ってみると、私は人間が過剰とも思える社会性を有していることに圧倒されてしまう。日常生活で気にすることはあまりないが、私たちの意識は、私たちの社会性というものにとても彩られていて、そこから完全に抜け出すことはできそうにない。たとえば二つの物の動きがあって、一方が他方を追いかけるように見えたとき、私たちはすでにそこに、社会的な事象を読み取っている。物の動きを表現するのに、社会的な事象に使われる表現を拒否することは難しい。だから、他の動物の社会を調査するときには、人間社会からの類推を安易に持ち込まないように注意しなければいけない。

さて、ここで私が重要と思うのは、他の動物の社会を観察することには、私たちの視点に否応なくともなっているヒトの社会性というものを、明示的に相対化するきっかけがあるのではないか、ということだ。ヒトの社会性を他の動物との比較で相対化する視点が、集団生活をする霊長類以外の動物にどれくらい通用するかはわからない。それでも、比較のための「観察」に焦点をあてた方法論への言及は、これまでにもあった。

日本霊長類学の初期のニホンザル研究を通して、河合雅雄は、サルを人間のように見る観察法を「共感法」と呼んだ[9]。私たちの社会からの類推を十分に活かして、サルの行動を理解、解釈しようとする態度の観察法である。先に述べた進化の観点を加味するなら、サルと気持ちをより合わせて観察するときに、何かしらの共感がわくとしたら、それはサルとヒトが共通祖先から受け継いできた何かしらと関係しているかもしれない、ということにでもなろうか。そこまではいかなくとも、十分に類推を活用することで、どのような違いがあるかの精査をより詳しくすることにはつながりそうだ。ただし、人が動物と直接かかわるときに覚える共感、たとえばコンパニオン・アニマルに愛着を覚えることなどとは、同列に並べない方がよいかもしれない。いずれにせよ、自らが覚える「共感」というものを丁寧に観察し吟味するところに、いつでも立ちかえる心がけが重要になる。

また、黒田末壽は、文化人類学における「参与観察」にならい、「生態的参与観察」という用語を提案している。[10] 異文化の社会を調査するにあたり、人類学者が当の社会の一員として生活し、同じ言語を話し、同じ習慣に倣う中で対象社会の調査を遂行するのが、「参与観察」である。一方の「生態的参与観察」では、サル社会の一員として生活することは求められてなく、あくまでかれらとは一線を引いたうえでの観察に終始するわけだが、それでも、かれらと等身大の感覚を持って、できるだけかれらの視点に近いところで観察することを要求する。ボノボの生活につきしたがう観察を積み重ね、森の雨の湿り気を肌で感じる生活などつづけていると、ボノボの生活する森が少しずつ我が身になじんでくるようになる。そうすると、それまで気づくことのなかったボノボのしぐさや他の動物の気配、ボノボの食物や利用される植物の見え方なんかが変わってくる。やがて、ふとしたときに、ボノボの自然が観察者の中に入ってくるような、そんな感覚を覚えることになる。

このような観察で得られることというのは、直観に近いものかもしれない。直観とは、体で自然を感じ、そこから認識が直接わき出るような心の働きのことである。[11] このような直観の起こる空間が、進化の意識を垣間見る窓になりそうな気もするのだが、よくわからない。それでは、ボノボの自然を感じる意識で世界を照らしてみると、そこには、どのような世界が現れてくるのだろうか。

ここで重要な課題となるのは、このような「ボノボの自然」とでも呼べるような認識を、どのような経験的事実として、自らの研究に持ち帰ることができるか、ということである。本書の執筆は、その答えの試みの一つになる。というのも、この私の知るボノボの自然を通した自然観というものを、他の人と共有することを目指して語りかけること、これが本書執筆の目的の一つであり、課題

Column 2

霊長類の進化

ボノボやヒトが属する霊長類の起源は、恐竜で知られる中生代が終わった後の新生代のはじめにさかのぼる。中生代、つまり爬虫類の時代が終わり、空白となった生態的ニッチへ哺乳類の仲間が適応放散していった時代、樹上へ進出したグループが霊長類だ。適応放散とは、1つの分類群が多様な分類群へ分化する現象をさす。樹上生活に適応した霊長類は、地面という平面でなく、樹上という3次元の立体空間で生活するため、両目が平板な顔の前面につき、立体視できる視角が広い。左右の側面を見る視野が狭くなった分は、首を左右によく回すことで補っている。手足で木の枝を握ることができるのも共通した特徴で、枝を握れないヒトの足は、霊長類の中ではかなり特殊だ。

多様な種がいる霊長類の全体を捉えるには、大きく4つに分けて整理しておくとよいだろう。体は小さめで夜行性の「原猿類」は、群れをつくらず単独で観察されることが多い。尾で木の枝にぶら下がることができるのは、アメリカ大陸にいる霊長類で、「新世界ザル」と呼ぶ。ニホンザルやヒヒの仲間など、私たちになじみの深いサルたちは「旧世界ザル」だ。最後に、ボノボやヒトのように尾を持たないサルの仲間のことを「類人猿」と呼ぶ。鉄棒にぶら下がる懸垂姿勢ができるのも、類人猿ならではの特徴だ。

4 裏庭の森に棲むボノボたち

の一つだからだ。フィールドにおける観察者は、我が身をもって、これまでにない意識と世界の見え方を観察対象との間で経験し、そこに生じる認識を表現しようと努める。その表現に接する人は、個々のイマジネーションをもって、そこに表現された内容を追体験し、その世界の見えを共有しようと努める。

しかし、この身をもった経験とイマジネーションを通した体験の間には、決してひとつになることのできないギャップがある。言い換えれば、ここで共有が目指されたことは、一般的な経験科学で求められる、観察者の個性を排除した客観性とは異なる。むしろ、観察者の個性が積極的な役割を果たしている。それでは、さらに客観性を取り戻すためにできることは何だろうか。それは、何かしら知りえたボノボの自然から、新たな経験的事実を探索する研究を刺激するような、仮説なりシナリオなりを導くこと、なのだと思う。それはつまり、これまで明らかにされてきた先行研究の中に自らの発見を位置づけ、そこから新しい視座を生み出していくという、まさに科学という営みそのもの、ということになるだろう。

観察とはおもしろいもので、あれっ、と思い見はじめ、やがて観察することに没頭してしまうと、目を向けるその視点が、目を向けていたそれと重なり、観察そのものに飲み込まれていく。観察が主体になり替わる、そんな瞬間だ。こんなぜいたくが享受できるのも、研究者冥利に尽きる。

私はこれまで、ワンバの森でボノボという動物を追跡する生活を、現地の調査助手たちとともにしてきた。森の達人に近づこうとする態度は、ボノボの世界を知りたいと思うところにも、何か共鳴を与えたかもしれない。調査をつづけるボノボ集団の一個体一個体の個性について、人に聞いてもらいたいと思うようになってくると、ああ、だいぶボノボ観察の楽しみを自分のものにしてきたなと感じる。いや、ボノボの日々の生活とかかわることが、私に観察の楽しみを教えてくれたというべきか。

思い返してみれば、私はあこがれた森の生活の中で、少しずつボノボ観察の中毒になっていた。中毒の基準には、常習性と耐性がある。常習性とは、それがないといられない感覚で、このボノボたちを観察する限りは、私が見ていないかれらがあってはならない、そんな気持ちのことである。耐性とは、度が少しずつ増していくことである。今見ていることでは物足りない、まだ見えていないことがある、もっと見てみたい、そんな気持ちが高まってくる。私に見えていないボノボの生活がある、それがある限り、この中毒からは、そうそう逃れられないのかもしれない。

今もここにあるボノボが棲む森の情景。ワンバ村には人々が住み、村人が生活する裏庭といってよい森に、ボノボたちは棲んでいる。だからボノボは、裏庭に棲む隣人だ。今に生きるボノボたちの自然が身にしみてくるような幻惑の中、ボノボと人のはざまで何か境界が溶けだすような感覚を覚える。そのときの圧倒的な躊躇、それは、私たちが自然であることの僥倖でもあるのかもしれない。

2章

ワンバのボノボたち

かれらの生活を追う

1 ワンバの朝

朝はいつも新しい。いつもの見慣れた新しい景色を見わたす。向こうの空が明らむのは、まだ先だ。

調査の朝は早い。ボノボたちが樹上のベッドで寝がえりをうっているころ、出かける準備をはじめる。私は日ごろ、朝三時に起きる。昔から寝覚めはよい。顔を洗い、ヨガの時間を持つ。若いころからの習慣だ。どんなに疲れていても、この至高のときはゆずれない。四時ごろには朝食をとり、残ったご飯を弁当箱に詰める。

扉を開けると、外の空気が頬をなでる。夜の終わりの外気は、しっとりと柔らかい。ワンバで肌の乾燥を心配するような寒さはない。肌が潤うのは、毎日、だいだい色をしたヤシ油の料理を食べているおかげかもしれない。

霧がかかる朝は多くない。森の道を歩き、下草の露でズボンが濡れるのは、前の日に雨が降ったときくらいだ。そんな朝は、晴れていても森の木々から滴が落ちつづける。

森に住み込む調査では、気温と降水量を測定する。長期の定点調査だから得られる貴重なデータだ。日々の降水量を測る経験があると、日本のニュースで数百ミリの大雨などと聞いたとき、その雨を肌で感じるように想像できる。近ごろは、気温も降水量も自動で測定できる廉価で実用的な製品が増えた。測定の実感は、データをパソコンに吸い取る作業へと変わる。

朝の暗いうちに基地を出て、昨夕ボノボが作ったベッドの場所まで歩く。日によって距離は違う。たいてい一時間くらい歩くが、三〇分で着けるときはうれしくなるし、二時間かかってしまうときもある。

森の中の道を歩きながら、前日のかれらの生活を思い出す。かれらが食べた果実、採食樹のあったところ、午前中に長くいた場所、ボノボが座った枝ぶり、熟れた果実、未熟な果実の残り具合、歩くボノボを追って倒木のある薮を迂回した場所、朝に見たけれど午後に見なかった個体、お尻の性皮をパンパンに腫らしたメス、そのメスにつきまとっていたオス、昨日見た交尾、毛づくろい、採食樹に着いたときのケンカ、盛んにディスプレイしていた若いオス、迷惑がっていた若いメス、気にする気配のなかったオトナメス、そんなもろもろを回想する。さて、今朝はどんな目覚めを迎えているだろう。昨日の観察を思い出すほどに、今日の期待は高まってくる。

ワンバでは、ボノボの寝ているところに着く時刻を六時前くらいにしている。そうすれば、たいていボノボはベッドサイトの近くで見つかる。ベッドから出てくるところを見たければ、もっと早く、遅くとも五時半には着いた方がよい。ただ森の中はまだ暗い。ベッドから出てくる個体を確実に知りたいときは、前日のベッドを作るとき、誰がどこにベッドを作るかを確かめるようにする。慣れてくれれば一日に数個体分のベッドはおさえられるだろう。

ボノボが活動をはじめる朝の時刻は、日によって違う。雨が降って涼しく迎えた朝は、樹上の高いところ、二、三〇メートルのところにベッドを作り直し、二度寝を楽しむ。一〇時ごろまで動かないこともある。森の果実が少ない時期は、それぞれ違う食物パッチを求めてばらけがちになるが、そんなときも、個々体の活動は不活発になりがちで、動かずじっとしている時間が長い。一方、夕方にベッドを作るとき、隣の集団の声が聞こえ、鳴き交わしがつづいたりすると、その翌朝は、まだ暗いうちから一気に地面に降りて動き出し、隣の集団と一緒になったりする。そんな日は、いつもより早めにベッドサイトに着くようにした方がよい。

ベッドサイトから移動しはじめる時刻は日によってまちまちだが、まだ薄暗い五時半くらいになると、もぞもぞと樹上で動き出す個体が出てくる。ぼとぼとと便や尿も落ちる。先にベッドから出てくるのは、たいてい若い個体だ。大人では、メスよりはオスだろうか。年を取ってくると、あまり違わないかもしれない。すぐ近くで採食をはじめることもあるが、ベッドを出たからといって、大して何をするわけでなく、手持ち無沙汰に樹上でじっとしていることは多い。立てた膝の上に腕を置き、その腕の上に顎をのせて動かずにいると、樹上にときどき見かける、ずんぐりした蜂の巣と見間違えてしまう。

薄闇の中、樹上を見回しながら、わずかな動きの音にも耳を澄ます。もしかしたら、大人のオスが子供と静かに遊んでいるかもしれない。大人と言っても、まだ若そうなオスで、子供の方は下に弟か妹がいて、母親にべったりではなくなった年ごろだ。高さ一〇メートルくらいの樹上で、黒い影が細かくリズミカルに揺れている。何をしているのだろう。双眼鏡でみると、親が幼子を抱くように、大人のオスが子供の個体を抱いている。そして、片足のかかとを子供の背中からお尻のあたりにあててさすっている。膝下を上下に動かす往復運動を、延々と一〇分くらいはつづけている。はじめて見たときは、何だろうと思ったが、ボノボはときどき、これをする。遊び、とでも呼べばよいだろうか。さする、さすられる、そんな身体の感覚を楽しんでいるようだ。どんな感覚なのだろう。小学生のころ、上り棒にしがみつき、じっとしたときの感触を思い出してみる。

こうしてボノボの一日ははじまり、ボノボを観察する一日がはじまる。たいていはゆっくりと、そして気づいてみれば、ボノボたちのあいだに置かれた我が身の感覚を楽しんでいる。

2 ボノボたちのあいだへ

ワンバの調査基地

私のはじめてのワンバは、二〇〇七年のこと。ザイールからコンゴへ国名が変わる戦乱期を経て、調査が再開されてから四年が経っていた。研究は好きにしてよい、そのかわりワンバに長期で入り調査基地を立て直してほしい、そう言われていた。当時はなかなか、ワンバに長期滞在できる日本人研究者がいなかった。かつてワンバで調査した世代は、大学の仕事などに追われる人が多かったし、新人の研究者を送り込むには、安定しない情勢が心配だったからだ。そこで戦後のワンバは、CREFのコンゴ人研究者が長期滞在し、基地の運営と調査をサポートしていた。

CREFとは、生態森林研究センター（Centre de Recherche en Écologie et Foresterie）のことで、コンゴの科学研究省の一組織であり、かつ、ワンバで研究する私たちのカウンターパートである。当時の所長はムワンザ・ンドゥンダさんで、屋久島を訪れたこともある親日家だ。[1] ワンバが位置するルオー学術保護区を実質的に管理するのが、このCREFである。コンゴの国立公園や保護区は、環境省のICCN（Institut Congolais pour la Conservation de la Nature）が管理・運営にあたるが、ルオー学術保護区は、科学研究省の一組織であるCREFがその管理を任されている。

私のはじめてのワンバは、ワンバ調査隊を実質的にけん引しつつあった古市剛史さんと共に入り、もろもろの引き継ぎをおこなった。一ヶ月ほどで古市さんがワンバを発った後は、CREF研究員のクムゴ・ヤンゴゼネさんと生活を共にした。私はタンザニアの滞在が長かったのでスワヒリ語には精通していたが、ワンバでのコミュニケーションに必要なリンガラは、日本で作ってきた単語帳を見ながら、こちらの希望を一方的に伝えるのが精いっぱいで、村人との交渉に難があるどころか、現地調査助手たちの問いやお願いを聞き取るのにも苦労するありさまだった。翌年の二〇〇八年は、同じくCREF研究員のバンギ・ムラヴアさんとワンバで一緒になった。当時、二〇〇七年、二〇

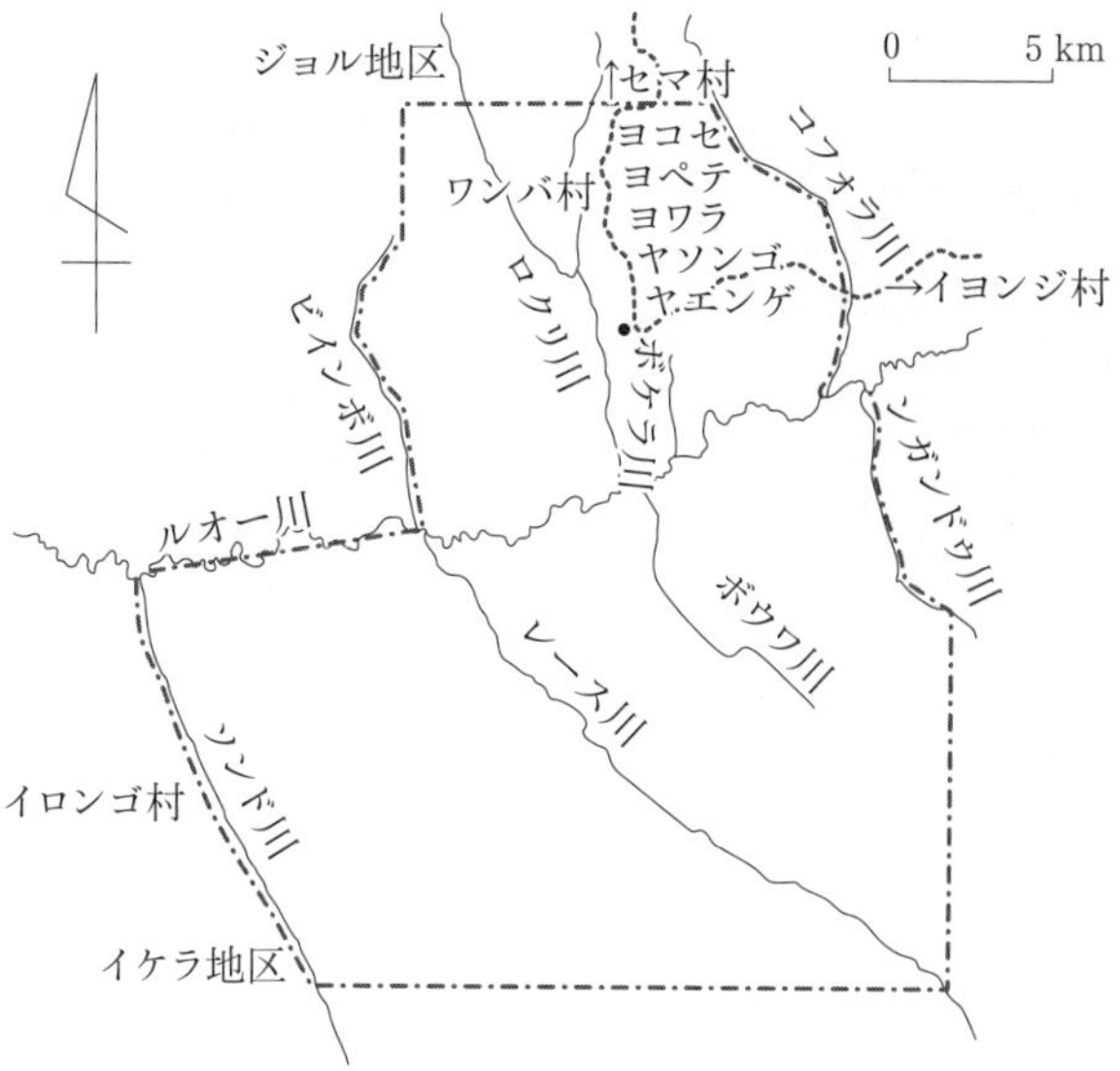

図2　ルオー学術保護区とワンバ村

東から西へ流れるルオー川の北側がワンバ村で、南側はイロンゴ村。ワンバ村はジョル地区に属し、イロンゴ村はイケラ地区に属す。破線は幹線路を示す。ワンバ村は、北のヨコセから南のヤエンゲまで、幹線路沿いに5つの集落からなる。ヤエンゲ集落の黒丸が私たちの調査基地。ルオー学術保護区の境界を一点鎖線で示す。

○八年ごろは、私が帰国するときに、バンギさんかヤンゴゼネさんがワンバに残り、数ヶ月後に私が入れ替わりでワンバに戻るという体制をつづけていた。

ワンバでは、私たち研究者が森に入るとき、ボノボの追跡と観察をサポートする現地の調査助手、トラッカーと一緒に歩くのが常である。トラッカーとは、痕跡を追跡する人という意味で、ワンバではフランス語でピステールと呼ぶ。現地調査助手には、ピステールの他に、クジネ、サンチネ、キャピタなどがいる。クジネとはコックのことで、料理、水汲み、洗濯、薪拾いなどを担当する。なまっては

ワンバでは日ごろ、ボノボの追跡は二人の現地調査助手がおこなう。

いるが、フランス語である。サンチネは基地の見張り役で、警備員のことだ。ピステールやクジネと同じく近所に住む村人で、とくに警備の訓練を受けた人というわけではない。しかし、村の子供など放っておいたら、基地の家の窓に群れてしまうし、何かと訪問客が後を絶たない基地なだけに、サンチネの役目は重要だ。キャピタとは雇い頭のことで、森の観察路の整備などを担う。他に各集落から選んだ一〇人くらいの働き手がいて、ふつうの仕事という意味のフランス語を略して、TO、テーオーと呼んでいるが、そのテーオーらを指揮するのがキャピタになる。風が吹き雨も降れば、木は倒れて道をふさぐ。放っておけば下草が繁り観察路を覆う。川に渡した丸太は腐るし、大雨が降れば流される。私たちがワンバで快適な調査生活を送ることができるのは、ひとえにワンバの村人の理解と協力、そしてピステール、クジネ、サンチネ、テーオーといった村の調査助手のおかげなのである。

はじめてのボノボ

私がはじめて見たボノボの率直な感想をいうと、黒い、であった。東アフリカで見てきたチンパンジーと比べると、黒い顔、黒い体、みなが一様に黒かった。今ではボノボの黒さも、個体によって違うことを知っているが、そのような個々の色の違いに気づくまでには時間がかかった。私がチンパンジーの体色に見慣れていたからだ。毛並みの感じ、体毛の色を見ても、そのボノボが壮年なのか高齢なのかがわからない。チンパンジーと違い、白髪の混ざる個体がいない。顔のしわの多さは、その個体の年齢を反映していそうに思えたが、体の小さなコドモ（カタカナで記したボノボの成長段階については62ページを参照）でも顔のしわは目立つもので、ボノボの年齢はすぐには推定しかねた。チンパンジーと比べると、個体識別は難しそうだ、まずはそんな感想をもった。

ボノボの典型的な顔は、なんとなくイメージとして、顔を上下に少し押しつぶしたようなのを頭に描いていた。そのイメージは、本で見たボノボの絵や写真から受けた私の印象で、チンパンジーと比較してのことだった。ワンバにいるボノボの中では、サラという名のオトナメスが私の描いた典型に近いと思っている。もちろん、このような印象やイメージは人によって違う。私の勝手なものだ。ところが、実際にワンバでボノボを見てみると、わりとしょうゆ顔というか、もっと縦長でスリムな顔をしたボノボが多くいた。コドモからワカモノになり、年齢的には一〇歳前後になって

くると、たいていそんな顔つきになってくる。一〇代も半ばになると、集団の中でそれぞれにふさわしい態度が見られるようになってくるのだが、個々の顔の個性がいよいよ独特さを増すのは、個体差もあるが、それくらいの年ごろ以降になってくる。

ボノボの表情の豊かさは、類人猿ではない他のサルと比べれば上をいく。たとえばアカオザル（167ページ写真）は、ワンバの森でもよく見かけるが、かわいい顔をしていて、その愛くるしさは、色のついた顔の毛によるところが大きい。でも、じっと見つめていると、なんとなく気味悪くもなってくる。それは、表情のなさによるのかもしれない。なかなか気持ちを読める気がしてこない。一方のボノボは、顔に毛が生えていないおかげで、表情の動きがわかりやすい。

とはいえ、ボノボもヒトと比べると表情に乏しい。大きなケガをしていても、痛みを顔に出さない。もっと痛そうな顔をしたらいいのに、と思ってしまう。表情を作る筋のコントロールに乏しく、ヒトほどには表情をコミュニケーションに使わない。ボノボに見つめられた目の奥に、何か感情のようなものが読み取れそうな気がして、ふとまなざしの奥に吸い込まれそうになることがあるが、何かがうまく読み取れないまま、すんでのところでこちらの世界に戻ってくることになる。私は何かを感知しながらも、それを翻訳することに失敗する。そんなときは、かれらの脳みそが我々の三分の一の大きさしかないことを思い出し、異人の世界に入ることの難しさをかみしめる。

ボノボの体は、人より小さい。大きさで言えば、地面に体育座りしている小学生の高学年か、中学生になったばかりくらいの背格好だ。私たちと違い二足歩行が苦手なボノボは、脚が短い。だから体育座りも楽だろう。私たちが地面に長く座るときは、森の生活ではよくあることだが、五センチメートルくらいの厚みでいいから、お尻の下に平たい石か木片でも置きたくなる。そうすれば、腰の下部の背すじが立ち、背中の大きな筋肉をリラックスさせたまま、長いこと火にあたることができる。ワンバの村人だと、適当な長さに切った枝を集めてきて地面にさし、すぐに簡単なイスを作ってしまう。

ボノボを個体識別するとは

かつて、私がはじめてアフリカ大陸に入りマハレの調査地に着いたとき、これから一緒に仕事をしていく人を次々と紹介された。しかし、すぐには顔が見分けられず、はじめは着ている服の色なんかで覚えたものだった。それから一〇年、私がはじめてコンゴの国に足を踏み入れたときは、日本人を相手する以上の苦労を感じることはなかった。慣れとは、そういうものだ。チンパンジーに見慣れていた私は、はじめボノボたちの顔が同じように見えてしまったが、これも毎日じっくり観察をつづけていると、当たり前のようにそれぞれが違って見えてきた。

特定の集団を集中調査するときは、ボノボの一個体一個体を識別していくとよい。おそらく個体識別せずにボノボを見ていても、おもしろくない。個体識別という楽しみがなければ、毎日朝から晩まで一つの集団を追いつづける調査を何年もつづけるなんて、そんな発想はわいてこないかもしれない。

ボノボを個体識別するのに、人工的なタグづけなどをする必要はない。まずは体の大きさから、大人か子供かを区別する。お尻がピンク色に膨らんでいれば、メスとわかる。メスは成熟してくると、お尻の生殖器の部分がピンク色に腫れるようになる。幼いときでも、背中側に逆三角形の小さい性皮が見えれば、メスとわかる。母親に抱かれた幼いオスは、うまいこと体の前面が見えれば、ペニスを確認できる。肩くらいしか見えていない大人でも、幼子を抱えていればメスとわかる。子供の性と大きさを覚えておくと、母親であるそのメスの識別に役立つ。

成長段階は、四つに分けることが多い。以下では、年齢で定義される成長段階をカタカナで記してみる。生まれたばかりのアカンボウはいつも母親のお腹につかまっているが、一歳にもなるころには、背中にも乗るようになる。四歳になりコドモ期に入ってくると、母親に頼らず自分で歩くことが増えてくる。四、五歳になると、たいてい下の子が生まれるが、それでもいつも母親の近くにいる。ワカモノ期になる八歳を過ぎてくると、かれらを見つけるのに、母親から数十メートルの距離まで探す範囲を広げる必要がでてくる。そして一五歳になるとオトナと称するが、個体差も大きく、それより前に十分に大人の体格になる個体はいる。

このように個体識別のためには、まずは性と成長段階を確認し、メスであれば幼子を確認する。乳首の長さ、たれ具合を見れば、子育ての経験の有無がわかる。メスの性皮は、年を取るほど個体による違いがはっきりしてくるので、オスよりメスの方が個体識別はたやすい。さらには、個体ごとの身体的特徴を見つけるようにする。手足の指が欠損していたり、耳の一部が切れていたり、上唇に古傷のある個体は、どんな集団にもいる。ケンカのときに傷つくのだろう。ボノボの顔の古傷は、耳と上唇に多い。睾丸が一つしかないオスを、ワンバで一個体、ロマコで一個体知っている。幼いころに精巣が下りなかったのだろうか。ケンカで一つ削られたという可能性もなくはない。ワンバのように村人の仕掛けるハネワナが多い森では、ワナにかかって手足を損傷した個体が多くいる。私でも森に慣れると、人の仕掛けたワナを見落とすことはまずなくなる。ボノボが興味津々と人の仕掛けたワナを観察する場面を見たことがあるが、それにしても、子供だけでなく、壮年になったボノボでも、人の仕掛けたワナに引っかかることがある。子供を何頭も育てたメスが、ワナにかかって手や指を失ったという例をいくつか知っている。たとえばE1集団のナオとユキはその例だ。どうしてボノボがワナに気づけないのか、私には不思議でならない。

PE集団のオトナメス。左足が膝下で切れている。若いころ、ワナにかかって失ったのだろう。

E1集団のオトナメス。左手の指が海賊の義手のような形になっている。かつてワナにかかった痕だろう。

E1集団のオトナメス。顔の右の頬にこぶがある。

このように目立った身体的特徴があると個体識別はやさしいが、そのような特徴だけで個体の識別がなされるわけではない。やはり顔の個性は重要だ。まずは一個体でいいから、他と違う個性的な顔がわかるようになるとよい。そうすると、他のあまり個性的でない顔の特徴も、少しずつわかるようになってくる。顔であっても、はじめは部分的な特徴に基づいて判断することが多い。しかし、それもやがて、その全的な姿をもってその個体とわかるようになる。この全的な姿とは、唯一無二の個のことだ。言葉で説明するときは、どうしても性別や年恰好、体の大きさや肌の色、毛並みの感じに肌のたるみ具合、あるいは行動傾向として見えてくる性格、わりと強気だとか、意外と弱くてすぐ泣くとか、それから、よく一緒にいる個体が誰だとか、そのような事柄をならべてみるのだけれど、全体の雰囲気みたいなものが把握でき、全的な姿の識別に至ると、それはもうそれとしか言いようがなくなる。個体識別は、ここまで来ると確実で、見たことのない他の集団の個体が混ざってしまっても、区別ができるようになる。

個体識別とはおもしろいもので、そこにはいつも、私から切り離すことのできない愛着のようなものがつきまとう。どうも個体識別には、個人的で私的なところがあるようだ。だから、同じ集団を調査する研究者どうしで、識別したボノボのことを話題にするのはおもしろい。同じボノボでも、少しずつ抱いている印象が違ったりして、あらためて気づかされることは多い。

3 ワンバの森と人々

豊かな森

ワンバの森について、描写してみよう。森の中で上を見上げると、多くの木は二〇メートルに満たないくらいの高さだ。木々の樹冠がびっしり閉じているわけでなく、ちらほら明るい空がのぞく。森のあちこちに、倒木によるギャップがある。ところどころに三、四〇メートルの樹高の大木が、他の多くの樹冠をつきぬけそびえる。そんな木の根元に立つと、隙間に空を見ることができる。低めの一〇メートル、一五メートルくらいの木々もそこら中に生えている。林床に日光がそそぐところも、まったくないわけではない。

森を歩いていると、ときに五〇メートルを超すような大木があって、そんな大木の前では、ついつい立ち止まり、視線を樹上へ移しつつ、胸の奥を静かに澄ましてしまう。巨木の佇まいを前に、こちらの村人も似たような感覚になるのだろうか。まっすぐ伸びる大木を前に、この木はカヌーを作るのによい、などというつぶやきはよく耳にする。リンガラでガンダと呼ぶ森のキャンプでは、そのすぐ外にボココと称して、ご先祖さま、くらいの意味だが、お供えをする簡素な台をこしらえることがある。お供え物を新しくするマメさはないが、森に何かを感じる故だろう。

二〇メートルを超える樹上のボノボを観察するのは、容易でない。私の視力はよく、タンザニアでチンパンジーを観察していたころは、たとえば採食のときの細かい指の動きでも見ようとしない限り、双眼鏡を使うことはなかった。しかし、ボノボの観察では、樹上にいる個体が誰かを確認するだけでも、双眼鏡が必要になった。ボノボの調査をはじめて以来、双眼鏡は欠かすことのできない身体の一部となっている。

ボノボが生活するワンバの森で、私がはじめに驚いた一つは、この森の豊かさだった。言い換えると、この森が惜しみなく提供しているボノボの食べ物のおいしさだった。口に含んでみると、どれもこれもがおいしいのだ。口の中に広がる甘み、その中にからむ酸味、唾液を出すのに頬の下の方をときどき引き締めながら食す。小腹を満たすのに十分な果実が多くある。このおいしさの驚きは、私が知るタンザニアのチンパンジーの食べ物と比較してのことだ。

おいしいとはいえ、果樹園になる果実を想像してはいけない。果実によっては渋みがあるし、ボノボの歯がみんな真っ黒なのは、食べ物の渋みが関係しているのかもしれない。甘くてジューシーな果実でも、強い酸の含まれることは多い。調子にのって食べていると、私の歯は過敏になって、朝晩の歯磨きのとき後悔することになる。ボノボのように種ごと飲み込むようにすると、歯にはしみずに、たくさん食べられる。大量の種が消化管を通過することにはなるが。でも、どんなにおいしい果実でも、食べすぎはよくない。ボノボをまねて食べていると、たいていお腹がゆるくなる。

熟れた果実が残っていても、ボノボをみならって、ぜいたくに放っておくのがよい。あるとき、地面に生えた白い食用キノコを見つけたとき、隅の方まで集めていたら、若いトラッカーに言われたことがある。サカマキ、女性じゃないんだから、採りつくさなくてもいいよ、と。なぜ女性をだしてきたかわからなかったが、確かに私たちは森に採集に来たわけではないし、自分が必要とする以上を集める理由もない。食べられるものが残っていても、放っておく。惜しい、などとは思わない。果実だって同じこと、サルでもイノシシでも、他の動物が食べるのだから。キノコなんかは、カメが大好きだ。そのカメを見つければ、村人は当然のように持ち帰り、調理する。地面で腐った果実を好む動物だって数知れない。目に見えない微生物もいるわけだ。習慣とはいえ、もったいないの精神がしみついた日本人は、どうしてもこの森では、けちくさく思えてしまう。

ワンバの村人と民話

ワンバの村はボンガンドが住む土地だ。私は日本人です、と言うように、この地の人たちは、自分たちのことをボンガンドと呼ぶ。ボンガンドより西には、モンゴの人たちが住む。モンゴはコンゴの国の中でも大部族の一つで、モンゴの住む地域はボノボの生息域と大きく重なる。ボンガンドはモンゴの一氏族で、言語の違いは方言の違いくらいのようだ。

ボンガンドと頭にボをつけるのは、かれらの言語の特徴で、ボ、バ、ワなどの接頭辞がつくと、その単語が、人々を意味することになる。ちなみに、ロンガンドと言うと、接頭辞が口に変化したわけだが、これは、かれらのしゃべる言語のことを意味する。リンガラというのも、頭のリが、ほにゃらら語という意味になるので、リンガラ語と言うと、腹痛が痛む、と言うような違和感がある。

私たちが総称してバントゥーと呼ぶ人たちは、このような接頭辞の特徴を持つ言語を使う。かれらは、アフリカの熱帯からその周辺の広大な地域に住み、相当な人口を有す。バントゥーの中で、何百という言語に分かれている。言語や文化に共通するところを持つバントゥーだが、かれらがバントゥーというアイデンティティを持つわけではなく、かれらの間の多様性は大きい。私が調査してきたタンザニアもコンゴもバントゥーが住む土地で、ワンバの調査助手も森の師匠であったマハレの調査助手もバントゥーだ。

バントゥーの拡散は、起源地の西アフリカから、おもに二つのルートをたどったと考えられている。一つは、コンゴ河の北側を経て東アフリカへと至る。もう一つは、西側の海岸部に沿って南下する。後者の一部が、コンゴ盆地の森林へと足を踏み入れていったらしい[2]。

ワンバの村人たちは、みなが森の達人だ。森の知識と森で生活する技術に長けている。たとえば、ワンバ村では集団での巻き網を使った猟がおこなわれていた。この狩猟法は、コンゴの北東部、イトゥリの森の狩猟採集民ピグミーが得意とすることはよく知られている。[3] これは小型のレイヨウであるダイカー類が多い森で効果的な狩猟法で、森の獣が減ればその機会は失われる。ここ十数年、私がワンバで集団罠猟を見る機会はなかった。

森の生活に長けた農耕民、ワンバの人たちから聞く話の中に、ひとつ気になることがある。ボンガンドが語る民話には、森のあやしい生き物がしばしば出てくるのだ。ワンバ村に調査地を開かれた加納隆至さんは、ボノボの集中調査の候補地を探すための広域調査のあいだ、各地で出会う地元の人たちが語る、というよりは歌う民話の類を収集している。[4] そこに収集された民話のいくつかは、なかなか歌ってもらう機会はなくなってしまったが、今でもワンバの村人から聞くことができる。その民話の中に、バト、つまり人ではないが、ニャマ、つまりいわゆる獣とも一線を画す生き物が登場してくる。インゴロンゴロ、イックンジュキ、エトロ、エレンバと呼ばれる存在だ。かつてのご先祖さまから、まずはインゴロンゴロとエレンバが分かれたという。つづいて、インゴロンゴロから、人とボノボが分かれたらしい。まるで人類進化のモデルのようだ。イックンジュギやエトロといった者たちは、インゴロンゴロの汚くていやらしい側面が強調された存在として民話に登場してくる。加納さんは、一人しか存在しないというインゴロンゴロは想像上の産物と思われるが、森に群居しているというエレンバには、実在のモデルが存在していて、それが、バントゥーが森に進出する前にいた狩猟採集民、ピグミーの人たちだったのではないかという仮説を述べている。インゴロンゴロやエレンバたちを、私もいつか見てみたいと思っているが、幸か不幸か、まだかれらに出くわしたことはない。

ボンガンドの民話には、インゴロンゴロやエレンバと同じように、森の生き物、ビーリャが登場する。ビーリャとは、ボノボのことで、語尾を少し上げるように発音する。単数形はエーリャになる。昔、エーリャと人の先祖は一つの村に住んでいた。かれらは裸で生活していたが、あるとき布が発明されて、村の者たちはそれで前を覆い隠すようになった。たまたま森に出かけていたエーリャが村に戻ったとき、布はすべて他に渡った後で、残念ながら分け前にあずかることができなかった。するとエーリャは、恥ずかしくて森の中へ逃げ入った。それがボノボなのだという。そのエーリャが森へ逃げ入るとき、火種として炉の中の太い薪を持ち出そうとしたが、あやまって炉石にしてあったシロアリの塚を持ち出してしまった。翌朝エーリャは火を得ることができず、それで村にいる彼の弟のところに行って火を求めたが、弟は兄の愚かさを笑い、それで兄は怒って森から出てこなくなったのだとか。

薪で調理するときは、手ごろな大きさの石を三つ用意して炉石にすると鍋が安定する。ところが、ここコンゴ河の南に広がる熱帯林では、水が流れた後に残る上層の白い砂ばかりで、数センチの大きさの石ころですら、見つけるのが難しい。それで鍋を置くときの支えには、燃えていく太い薪をそのまま使うのがふつうだ。ときにはアリ塚の一部をレンガのように使うこともある。村人が森へ行くときは、火のついた薪を火種として持っていく。だから、火の中にあったシロアリの塚を火のついた薪と間違えるというのは、まったくありえないわけでもない。それで村人は小さなアリ塚を指して、エーリャの火と呼んだりする。ちょっと、ボノボのおっちょこちょいな面を笑っているのだろう。

ボンガンドの民話には、こんなものもある。この地の村人は、樹上の果実を取るのに、木に登ることがある。あるとき、木を登るのに使った木の幹に巻きつけた紐を落としてしまった。どうしよう、登った木から降りられない。泣きっ面だ。日も暮れてきた。そんなとき、どこからかボノボがやってきて、木に登り村人の下まで来て、背中につかまれと身ぶりで示す。村人は、ボノボにおぶさって木から降りることができた。いい話ではないか。なんというか、ボノボとの親密さが伝わってくる。森を出た人間と森に残ったボノボたち、だからボンガンドは、ビーリャを他の獣のように食べたりはしない。ボンガンドに知られた民話である。

4 ボノボの一年を追う

ワンバの季節

ワンバから久しぶりに日本へ戻ったある年の秋、移ろいゆく季節の趣にうっとりさせられた。日

本でその季節を過ごすのは久しぶりで、たしか五年ぶりくらいだったと思うが、私はいつも通う田んぼの中の道で自転車を走らせながら、毎日少しずつこうべを垂れていく稲穂の輝きと、その色合いを変えていく姿のあまりの美しさに心うばわれた。日本の過ぎゆく季節の移り変わりに、自然を愛でる気持ちを思い出したのだった。

私は寒いのが苦手で、常夏の陽気のワンバで暮らすのが好きだ。しかし、ワンバは日本と比べると季節の楽しみに乏しい。月の明るい夜気にうっとりするが、ある季節の月が待ち遠しくなったことはない。とはいえ、ワンバでも季節はめぐる。たとえば一〇月から一一月ごろの雨がもっともよく降る時期には、川の水位が上がり、壊れかけた橋は流される。川を渡るのが憂鬱になる季節だ。雨が減る一月、二月になると、いつもぶらぶらしていただけに見えた男どもが、畑開きに精を出す。魚はよく捕れ、卵を持った魚が多くなる。おそらく水位との関係だと思うが、ルオー川でカバを見るとしたら、この季節だ。ただし、めったにあることではない。

　ボノボを日々追跡したいと思ったら、なんといっても、そのときどきの食べ物をよく知ることだ。ここでは、ボノボを観察する観点から、いくつか季節的な特徴を紹介していこう。ボノボの食べ物の移り変わりを追うことになるが、年ごとの変動が大きいことにも注意しておきたい。調査も二年目、三年目に入ってくると、年による違いに驚かされることは多かった。

表1　本書に出てくるボノボが食べる植物

現地での呼び名*	学名
エリミリミ	*Dialium pachyphyllum*
バトフェ	*Landolphia owariensis*
ベリロ	*Raphia sp.*
ボオンゴラ	*Dialium sp.*
ボキラ	*Landolphia bruneeli*
ボセンゲ	*Uapaca guineensis*
ボソンボコ	*Aframomum laurentii*
ボリンゴ	*Anonidium mannii*
ボレカ	*Dialium zenkeri*
ボンバンブ	*Musanga cecropioides*
ルクング	*Megaphrynium macrostachyum*

＊現地での呼び名はワンバとイヨンジで異なることもある。

　ボノボ観察のベストシーズン、それは八月、九月ごろである。なぜか。森の実りの季節だからだ。大学は夏季休暇になる時期で、研究者がもっとも多く訪れる季節でもある。森の中の豊富な果実に、ボノボたちは大興奮だ。ボノボは、集団のメンバーがいくつかのパーティ（小集団）に分かれて遊動するのがふつうだが、この季節は大きなパーティで森を遊動するので、見つけるのも追うのもたやすく、見失うことはまずない。足跡が派手に残るし、頻繁に大きな声を上げる。大きなパーティで過ごすから、採食樹の中で騒ぎがよく起き、誰がもっともエラそうに振る舞うかといった順位を測る優劣関係も見えやすい。ボノボの出産に季節性はないが、オスが夢中になる性皮を魅力的に腫らしたメスが目立つ時期でもある。性皮を腫らしたメスがいると、周りにオスたちが集まりがちだ。確かなことはわかっていないが、食べ物が豊富で集まりのよいことが、性皮を腫らす引き金となることもあるかもしれない。メスの性周期は月の巡りにならうが（ワンバでは42日前後で、チンパンジーより長い）[5]、食べ物の栄養、集まり具合や社会交渉にともなう刺激、性的な活発さなどが、相互に関連し合っている可能性はある。生理学的なメカニズムの詳細な研究が待たれるところだ。

ボノボも分け合うおいしいボリンゴ

七、八月ごろの代表的な果実といえば、バンレイシ科のアノニディウム・マンニイだ。その大きさとおいしさの故に、この地方では有名な果実である。ワンバの人たちはボリンゴと呼ぶ。この現地名は比較的限られた地域でしか通用しない。この木はワンバの森に多い。以前、ワンバの森の大きめな木について、その出現する頻度を調べたことがある。ボリンゴは多くカウントされた上位に入り、全体の八パーセントを占めていた。葉っぱは大きくて目立つ。木はあまり高くなく、樹高は一五メートル前後のものが多い。樹上から地面に水滴がしたたり落ちていると、ボリンゴの木であることが多い。

ボリンゴ

ラグビーボールを長く伸ばしたような果実で、数キログラムは優にある。どしんと地面に落ちたもののうち、おいしく熟れた果実を選んで食べる。樹上で食べることもある。外側の黒く変色した果皮を足で踏みつけ、柔らかさを確認し、内側の輝くように黄色い果肉の部分を試してみる。よく熟れた果実は、甘くておいしい。地面に落ちた果実がいくつかあるとき、ボノボはその中からおいしく熟れたものを選んで食べる。というより、大きな果実がいくつか落ちていても、食べたいと思えるおいしい果実は限られる。

ボリンゴのおいしい果実が落ちているところにボノボが到着すると、たいていはじめは、おいしい果実の取り合いで、しばし騒然となる。やがて騒動が終わってみると、たいていエラそうなメスが大きな果実を抱えて夢中になって食べている。大きな果実でも、おいしく熟れた部分から食べていく。エラそうなメスと書いたが、みながうらやましがるような大きな果実を我が物顔にする姿をみて、エラそうだなと思うのである。たいてい年配のメスがおいしそうな果実を抱え、その周りでコドモがおねだりをする。オトナがおねだりすることもある。大きな種子の周りにへばりついた果肉の部分がおいしいので、食べ終えて地面に落とした種子を、おねだりする他の個体が拾って丁寧にしゃぶりなおしたりする。

ボリンゴをねだる子供

じっとのぞき込むように近くに立つのは、物をねだるときのしぐさだ。一方、気づいてないかのように目を合わせないのは、そう簡単に分けてあげたくないからだ。

村の子供が木登りを覚えるバトフェ

ボノボだけでなく、村人も大喜びという果実は他にもある。八月から九月を中心に、地元の人がバトフェと呼ぶ果実が実る。ランドルフィア属のバトフェをはじめとするキョウチクトウ科のツル性の植物は、ワンバの森に多い。どの種も人気というのではないが、一〇種を超える果実がボノボの食べ物となり、多くは六月から一〇、一一月にかけて、少しずつ時期がずれながら、異なる果実を楽しめる。ツルは、日がよく当たる高木の樹冠に果実を実らせることが多い。ツルが多く絡むと木の高いところは視界が遮られるので、ボノボの観察は容易でない。それでも、樹上で大量の果実を食べていることは、ボトボトと果皮が落ちてくることでわかる。バトフェの果実は、テニスボールくらいの大きさをイメージしてくれればよい。ボノボはその果実を片手、あるいは両手で包むように握り、門歯をたてて皮をむく。そして中のジューシーな果肉を、種ごとチュルっと飲み込み、残った果皮を地面に捨てる。半分に割れお椀のようになった果皮は、ときに地面で雨水をためボウフラを育てる。

たわわに果実がなっていても、ボノボは果実を選ぶ。鼻を近づけて匂いを嗅ぎ、果皮に歯を立てただけで捨てたりする。地面に落ちたおこぼれを、私は地上で食べる。おいしく熟れたバトフェを地面で見つけるのはたやすくないが、樹冠でおいしく熟れたバトフェの甘さといったら、それはおどろくほどのものだ。ワンバの人たちは、子供のころに木登りを覚えるが、それはこのバトフェの魅力によるところが大きいだろう。

今、思い出してみても、二〇〇七年のバトフェは豊作だった。たらふくバトフェを食べては、ゆっくり休み、そろそろ次の食べ物のところへと移動するかと思いきや、すぐ近くにバトフェがたわわに実る木があって、そこで再び限りない数の果皮をボトボトと落としつづける。ボノボの食生活に見慣れていなかった私は、そのあまりに大量の果実を食べるボノボの姿に、見ているだけで胸が気持ち悪くなる思いだった。ところどころで他の果実や若くて柔らかい葉っぱ、地面に生える草本の髄なども食べるが、やっぱりすぐにバトフェに戻って延々と食べつづけるのである。

バトフェが豊富なときは、わりと狭く限られた地域を繰り返しめぐる日がつづく。と思っていると、ある日、たいていはよく晴れた日に、集団のすべてのメンバーが一緒になって、長い距離を延々と移動する。久しく訪れていなかった森へ足を運んだ後は、また前と同じように、わりと限られた範囲をめぐり歩いてバトフェを食べる日がつづく。これは、ワンバのバトフェの時期に特徴的な遊動パターンかもしれない。まんべんなくとは言わずとも、バトフェはワンバの森の広範囲に生えている。次に紹介するボキラでも、よく似た遊動パターンの見られる年がある。必然、熟れた果実が減ってくるにつれ、他にまだ残っている果実を探すため、さらに広範な地域を訪れることになる。

ラムネの味のディアリウム

やがて、日本では秋が深まるころ、ワンバのランドルフィア属の果実は、バトフェから果肉が赤いボキラと呼ばれる種類に移っていく。そのボキラも、やがて果実の残りが減ってくると、活気のあったボノボの集団生活に静けさが目立つようになる。毎年、必ずというわけではないが、一〇月から一一月、一二月にかけて、バトフェやボキラのようなジューシーな果実が森で見つからなくなると、ディアリウム属の果実に頼る季節が訪れる。代表的なのが、ボレカと呼ばれる木で、二〇メートルを超える高さで枝を周囲に広く伸ばし、一、二センチメートルの円形で平板な果実を上向きに無数につける。外皮は指先でつぶすと、カリッと音を立てて割れる。中には種が一つ入っていて、その周りにうすく乾いたような果肉がついている。その果肉の味はラムネに似ていて、舌触りもラムネを柔らかくした感じだ。一つひとつの実で食べられるラムネの部分は少量で、だから、カリッ、カリッ、と次から次に歯で割って食べていく。座る場所を移ることも少なく、静かに黙々と食べつづける。果肉の内側の種子はたいへん固く、そうたやすく砕くことはできない。その時期のボノボの糞の中は、ボレカの種だらけになる。

森で見ていると、ボレカが果実をつける季節は長い。数ヶ月に及ぶだろう。ただ、ボレカが果実をたくさんつけていても、ボノボが見向きもしないことは多い。他に食べられるジューシーな果実があるあいだは食べたいと思わないようだ。その意味では、きっと森の食べ物が減った時期に頼ることができる救荒食（fallback food）の役目をしているのだろう。[6] ときには、実が未熟なとき、果肉はまだ白く湿っていて甘みはないが、その果肉部分は捨てて、中にある柔らかい種子を食すことがある。また、頻繁ではないが、ボノボは自分の糞を手の平に受けて、その中から特定の種子を選び、食べることがある。いわゆる糞食であるが、ボレカの種は、糞食の対象になる一つである。[7] ディアリウム属の仲間は、他に、ボレカより果実がうすっぺらいボオンゴラ、ボレカより果実が長くて大きい楕円形をしたエリミリミなどがあって、だいたい似たような季節に食べられる。

ボレカ

ディアリウム属の果実を食べる時間が長くなってくると、ノートに記録される社会交渉はめっきり減ってくる。まだそこそこ大きな集まりを維持していても、一本の木の上でみながそれぞれ静かに、カリッ、カリッ、と音を立てて長いこと食べつづける。一時間以上食べつづけることもざらだ。ジューシーな食べごたえある果実と比べると、栄養を摂取する効率はよくなさそうだ。社会交渉が減って静かなときが長くなるかれらの活動を見ていると、まるで消費するカロリーを節約しているようにも思えてくる。

乾いた季節に訪れる畑と二次林

いよいよ冬の到来、というのは日本でのことだが、ワンバでは一二月にもなると雨の多かった時期が終わり、年明けのもっとも雨の少ない時期へと入っていく。先述のように、村の男どもは、自分の畑の休閑地がつづいた区画を選んで、はじめは山刀で下草を刈り、後に斧で太い木を倒していく。この季節、とくに若い男どもの体は引き締まり、肩や背筋が隆々としてくる。やがて倒木が乾いてきたら、火を入れて焼くことになる。結構な粗放で、はじめてワンバの畑を見たときは、私の知るタンザニア西部の畑と比べてということだが、これが畑かと唖然としてしまった。太い倒木は表面や端の方が燃えただけで放置され、熱帯の太陽の下で繁る雑草が刈られることはない。火入れしてから数週間がたち、燻る煙が減って熱せられた地面が冷めると、その後はキャッサバの枝を地面に挿し木し、栄養繁殖で増やしていく。畑の一部には、トウモロコシも植えられ、五、六月ごろになると収穫がはじまる。トウモロコシは、おもに酒を作るためだ。新しいトウモロコシが収穫される時期になると、地元でロトコと呼ばれる焼酎は、質の良いおいしいものが期待できる。

さて、年も暮れ、ボノボたちはというと、頼っていたディアリウム属の実も尽きて、次の食べ物を探すことになるが、これがなかなか大きな森の中では見つからない。そのような季節、ワンバのボノボは、森の奥深くに棲むボノボでは見られない遊動をすることになる。集落の周りに広がる畑と休閑地からなる若い二次林に、毎日のように通うのである。もともと村人と親しい関係にあるワ

開いたばかりの畑のボノボ

ンバのボノボは、その遊動域の中に村の集落と畑があって、日ごろは避けるようにしているが、森の果実が欠乏する時期は、若い二次林で手に入る食べ物を求めに行く。ワンバと違い近くに利用できる二次林がない深い森に棲むボノボであれば、それぞれの個体が食べられるものを探し歩くうち、いくつかの小さいパーティにばらけてしまうだろう。それがワンバのボノボは、そのような時期でも集団のメンバーがよくまとまったまま、若い二次林へ踏み込んでいく。畑を開いている村人ともよく出くわし、ボノボたちは、カンカンカンと山刀で木を切る音を聞きながら、休閑地での採食にいそしむ。

若い二次林、焼畑の休閑地の中、お目当てになる食べ物は、まずは開けた場所にい

E1集団のオトナオス、ノビタがボンバンブの実をワッジにして食べている。

ち早く生えてくるムサンガの果実だ。ワンバではボンバンブと呼ぶ。森の中でも、大きな木が倒れると、日射しが直接降りそそぐようになった場所に、すぐにボンバンブが生えてくる。その成長速度には驚くばかりで、あっという間に一〇、二〇メートルの高さになってしまう。成長が早いからボンバンブの木は硬くないが、地上に伸びる支柱根は硬くて、村人は斧の柄に使ったりする。このボンバンブの果実がボノボの食べ物になる。おいしそうな黄色い色をしているが、大して甘味はなく、私は食べようと思わない。ボノボは、この果実を口の中にほおばり、噛み締めて果実の水分を絞り出す。その後のかすは、口の内側の形を残したまま地面に捨てられる。これを英語でワッジと呼ぶ。畑の休閑地に行ってみると、地面には切り倒された倒木がごろごろと転がり、下草がはびこってひどい藪になっている。空は開けていて、傘のような独特な形状の葉をつけたボンバンブの木が、ぽつぽつと一面に生えているのを見渡せる。

二次林でボノボが頼るのは、ボンバンブだけではない。畑跡は日当たりがよいので、草本がよく育つ。マランタセ科の何種かは、その髄が好んで食べられる。ルクングは、村人もその新芽をよく食べる。森の中でも、倒木でできるギャップなど、あちこちで見つかるが、畑跡ではまとまって生える。同じく、ショウガの仲間もよく生える。ワンバでは、ボソンボコと呼ぶ。畑跡の藪へボノボは集団で入り込み、地面に座って、ボソンボコの地面から生えた数十センチのところに歯を立て、手で折って裂き、内側に見えた白い髄の部分を器用に唇の先でつまみ、二、三〇センチメートル、それ以上の長さの髄をするするっと引き出し食べる。その熟練の技とスピードには、目を見張る。手の届く範囲を食べつくすと、数メートル歩いては座り、採食をつづける。二次林のひどい藪の中で、少しずつ移動しながら採食をつづける。藪の中には独特なミョウガに似た匂いが広がる。私も食べるが、とくに味はなく水っぽいだけだ。開けた二次林は直射日光があたって暑いだけに、たまに水分補給として、つまみたくなることはある。

季節によっては、このボソンボコの実が地面から生える。一〇から一五センチメートルくらいの縦長の赤い実

アフリカショウガ（ボソンボコ）の実。この写真はワンバでよく見る細長いタイプとは違い、水辺に生える寸胴な形をしたタイプ。

が、数個まとまって生える。村人はンダケと呼ぶ。ボソンボコの実でしょ、と聞くと、ンダケだと答える。この実の赤い殻を割って、中の白っぽい果肉を食べる。果肉の中には、カエルの卵のような黒い小さな種がたくさん入っている。ンダケは村人もよく食べる。ボノボを観察しながら、私も食べる。ちょっと酸味があって、つまむのによい食べ物だ。

ワンバで調査がはじまった一九七〇年代前半に、ボノボのいくつかの集団に名前がつけられた。その中で、集中調査が継続されたE集団のEというのは、畑を意味するエランガの頭文字である。かつてから、ときどき畑に出てくる集団だったわけだ。このE集団は、もともと大きく二つに分かれるグルーピングをしていたようで〔8〕、オトナメスのカメとオトナオスのカケがいるサブグループをカメカケと呼び、オトナオスのクマとヤスがいるもう一つのサブグループをクマヤスと呼んだ。一九八〇年代の前半に、この二つのサブグループはほとんど一緒になることがなくなり、その後は別々の集団として扱われている。学術論文では、カメカケをE1集団、クマヤスをE2集団としている。カメもカケも亡くなって久しいが、今もワンバでは、E1集団のことをカメカケと呼んでいる。E集団は一九七六年までにすべての個体が識別された。野生のボノボはいったい何歳まで生きるのか興味深いところだが、当時幼かったオスが二頭、テンとタワシという名前だが、今もカメカケに健在だ。タワシはカメの子、亀の子たわし、これが命名のもとだと聞いた。識別されたときに幼かったので、かれらの推定年齢は正確だ。そろそろ五〇歳を迎える、あるいは迎えたかという歳である。

[左]樹上で採食されたボセンゲの果実の食べかす。
[右]湿地林でボセンゲの木を測定する調査助手。この写真では観察路から木までの距離を測っている。

ワンバの森に広がる湿地林

ワンバのボノボが生活する森で、もう一つ重要な役割を果たしているのが、南側のルオー川沿いに広がる広大な湿地林だ。ルオー川は、川幅が五〇メートルはあろうかという大きな川だが、そのルオー川の川面を見に行くには、歩きにくい湿地を二、三キロは歩きつづけなければいけない。ワンバでは、この広大な湿地林でしか見られない動物は多い(コラム4、5を参照)。この湿地林には、地面がかたい森とは違った木々が生えていて、ボノボにもいくつか重要な食べ物を提供している。

まずは、ウアパカ属の木だ。ワンバのウアパカは、湿地林の他には、休閑地である二次林の、その周りの森に生えがちだ。ボンバンブが生える若い二次林より、もう少し大きく育った二次林である。ワンバの人たちは、ボセンゲと呼ぶ。

このボセンゲと呼ばれる木が、広大な湿地林の中に広範囲に生えている。果実のなる時期は年に二回あり、六月と一二月が中心だが、一二月の方が多いだろう。年変動が大きく、数年に一度、豊作になる。二〇一二年の暮れはボセンゲが例年になく豊作で、湿地林の中のボセンゲというボセンゲがほとんど実ったのではないかと思う。その年、ワンバのボノボは、一ヶ月以上にわたって湿地林に入りびたり、地面のかたい森に出てくることはめったになかった。そんな年もあるわけだ。

季節を無視して大雑把にいえば、ワンバのボノボたちが湿地林を訪れるのは、集団による違いもあるのだが、週に数回といったところだろう。湿地林の食べ物を求めて出かけていき、せいぜい数時間で出てくることがほとんどだ。湿地林のボセンゲが豊作でもなければ、湿地林の中で夜のベッドを作り寝ることはまずない。

ボソンボコをはじめとする地上性草本の髄を目当てに、若い二次林を訪れるときがあると述べたが、森の果実が少ないとき、湿地林の中にも、ボソンボコに似たお目当てがある。それももっとも奥のルオー川に近いところにある。それが、ベリロと呼ばれるヤシの仲間の一種だ。白い樹液をバケツにためれば、半日から一日の間、自然にアルコール発酵するおいしいワインを楽しめる。ルオー川を舟で行き来すると、カヌーの上から見ることのできる川沿いに、びっしりとベリロの生えているのがわかる。落ちた実が川の流れで運ばれるのだろう。南米のアマゾン河に次ぐ世界第二位の流水域を占めるコンゴ河は、上流から下流までほとんど起伏がなく平坦なため、ここらの川はどこも蛇行していて、まっすぐ流れる場所がない(188ページ写真参照)。そのため、流れが変わっては三日月湖ができ、やがて森の中へと消えていく。この三日月湖が消えていったところが、ベリロの群生地だ。ボノボたちは、このベリロの髄を食べに、遊動域の端になるルオー川近くまで出かけるのである。

この広大な湿地林は、歩くのがたいへんだ。私は今も、うまく歩くことができない。ボノボたちがベリロを求めるときは、そんな湿地を一キロ、二キロと一気に移動する。私は足の置き場を一歩一歩確かめながら、それでもしょっちゅう窪みにはまっては、よたり、近くの木にしがみつく。四足で歩くボノボは、私が踏みはずせば長靴の中に水が入ってしまうところも、手足を少し濡らすだけで歩いていく。

ちなみに、ワンバの村人は森の生活によく精通しているが、実は川辺の暮らしにも慣れている。私が苦手な湿地林もさくさくと歩く。サンダルは壊さないように脱いで手に持ち、裸足で歩いていく。村人の多くがカヌーの扱いに長けていて、漁師は地面が水びたしになる川沿いに高床式の住み家を設けもする。川の魚を中心とするたんぱく質は、村人の生活に欠かすことのできない重要な食べ物である。

5 ともにあることが好きなボノボたち

まとまりのよい遊動をするワンバのボノボ

この章ではここまで、ボノボの食べ物を中心にワンバの森の様子を紹介してきた。ここからは、ボノボの社会生活の一面に目を向けてみよう。

ボノボ調査をはじめたころの私は、ボノボの社会組織はチンパンジーと同じで、複雄複雌の集団がいくつかのパーティに分かれ、離合集散を繰り返す社会と聞いていた。観察される一時的なパーティのサイズは、ワンバではチンパンジーより大きいが、ロマコではチンパンジーと変わらないという報告があり、両調査地ともボノボはメスどうしの集合性が高いという点で一致していた。そして実際に私がボノボの観察をはじめてみると、その集まり方というか、まとまり方というか、ボノボの群れ方が、なんともチンパンジーと違うことに驚いた。

二〇〇七年の調査は八月から一一月にかけてだったが、朝から晩まで追跡観察していく中で、だいたい調査対象のE1集団の全メンバーを毎日確認することができた。離合集散するとはいっても、まずは、とても集まりがよいことに驚いた。一日の中で、そのときどきに見られる個体は、数個体のこともあるし、大きな採食樹の上で一〇個体、二〇個体が集うこともある。日中、採食しては休み、移動してはまた採食という遊動生活を営む中で、離れていた個体が他の個体たちのところに来たり、藪の中で休んでいた個体が見えるところに出てきたりする。そのときどきに見られる個体は一部に限られても、一日が終わってみると、集団のみながだいたい一緒に遊動していたことがわかる。集団の全メンバーが毎日確認される日々が、数ヶ月つづいたのである[9]。

そのときは、先述のようにバトフェが豊作のときから観察がはじまった。それでは、それほど豊富な果実に恵まれていないときはどうかというと、ありがちなパターンとしては、朝のベッドサイトから動き出すときに多くの個体を見るが、その後は、移動を繰り返すごとに後を追ってくる個体が減ってくる。徐々に周りにいた個体が少なくなり、そうして日中は、比較的個体数の少ないパーティで過ごす。そのときどきに食べられる果実は森に一様に分布するわけでなく、一つひとつの食物パッチの果実が少なければ、採食パーティのサイズは小さくなるし、食物パッチ間の距離が離れていれば、小さいパーティで過ごす時間が長くなるかもしれない。それでも西日が傾いてくると、お、そんなところから、と思う方で他のボノボの声が上がり、その後は何度か鳴き交わしながら、だらだらと採食をつづけ、そろそろ夜に眠るベッドを作ろうかというころには、けっこうみなが近いところに集まってきていたりする。

さて、私の二回目の調査は、二〇〇八年の二月から三月にかけてだったが、このとき私は、ボノボがしっかり離散する場面をはじめて観察することになった。その離散のしかたが、私の知るチンパンジーと違っていたのである。

セスナ機でジョルへ向かう筆者

キンシャサ－ジョル間は、セスナ機をチャーターして移動するのが、高くはつくが、もっとも安全な手段である。

二〇〇八年は一月早々に日本を出たが、このときは赤道州の州知事が新しく代わったばかりで、日本人のボノボ研究プロジェクトの説明に来るようにと呼び出され、急きょ予定を変更し、一度飛行機で州知事のいるバンダカへ飛び、その後で、再びキンシャサに戻ってから、セスナ機でワンバ村のある地区の中心であるジョルへ向かうことになった。そんなわけで、ワンバに着いたときは一月末になっていた。

そのときのE1集団のボノボたちは、日中はばらけがちな感じもあったが、E1集団のメンバーのほぼ全員を観察する日がつづいた。それが、二月二九日の一一時ごろ、E1集団のメンバーがきれいに二つに分かれていったのである（図3を参照）。翌三月一日の土曜日は、二つに分かれた一方のパーティを観察し、昼に調査を切り上げたが、このような半日、一日くらいだったら、それまでにも同じようなことは観察していて、別段めずらしいことではなかった。つづく日曜日は調査を休み、三月三日の月曜日は、トラッカーと森の中を歩き回り足跡を探したが、ボノボを見つけることができなかった。

つづく四日の火曜日にボノボを発見したのだが、このときのパーティがなんと、二九日の一時ごろに分かれた、もう一方のパーティで、そのメンバーがきれいにそろっていたのである。

図3には、E1集団のオトナ個体をすべて記してある。二九日の日中に、全メンバーのそろっていた大きな集まりが、きれいに二つのパーティに分かれたわけだが、当時のオトナオスは九個体で、テン（図中ではTN、以下同様）、タワシ（TW）、ゴーシュ（GC）、ジェディ（JD）、ノール（ND）、モリ（MM）、ロボコ（LB）、ノビタ（NB）、ダイ（DI）であった。オトナメスは六個体で、ナオ（No）、ジャッキー（Jk）、キク（Ki）、ホシ（Hs）、サラ（Sl）、ユキ（Yk）である。もう一個体のノバ（Nv）は、前年に他の集団からE1集団に移入してきたワカモノメスで、まだ十分にオトナというわけではなかったが、この六ヶ月後に初産を迎え、その後、E1集団に定着したので、ノバについても、この図の中に記しておいた。

どうだろう、分かれた後も、パーティのメンバーが安定している。一個体、二個体、離脱したり、他方のパーティの個体がやってきたりしてもよさそうなものだが、そういうことは起こっていない。分かれた後、少なくとも二週間ほど、一方のパーティを観察しつづけたが、他方のパーティの声を聞くことはなかったし、どこを遊動しているのか知る由もなかったのである。

チンパンジーと比べてみると

ここで比較対象として、私がかつて調査したマハレのチンパンジーの事例を紹介しよう。図4に

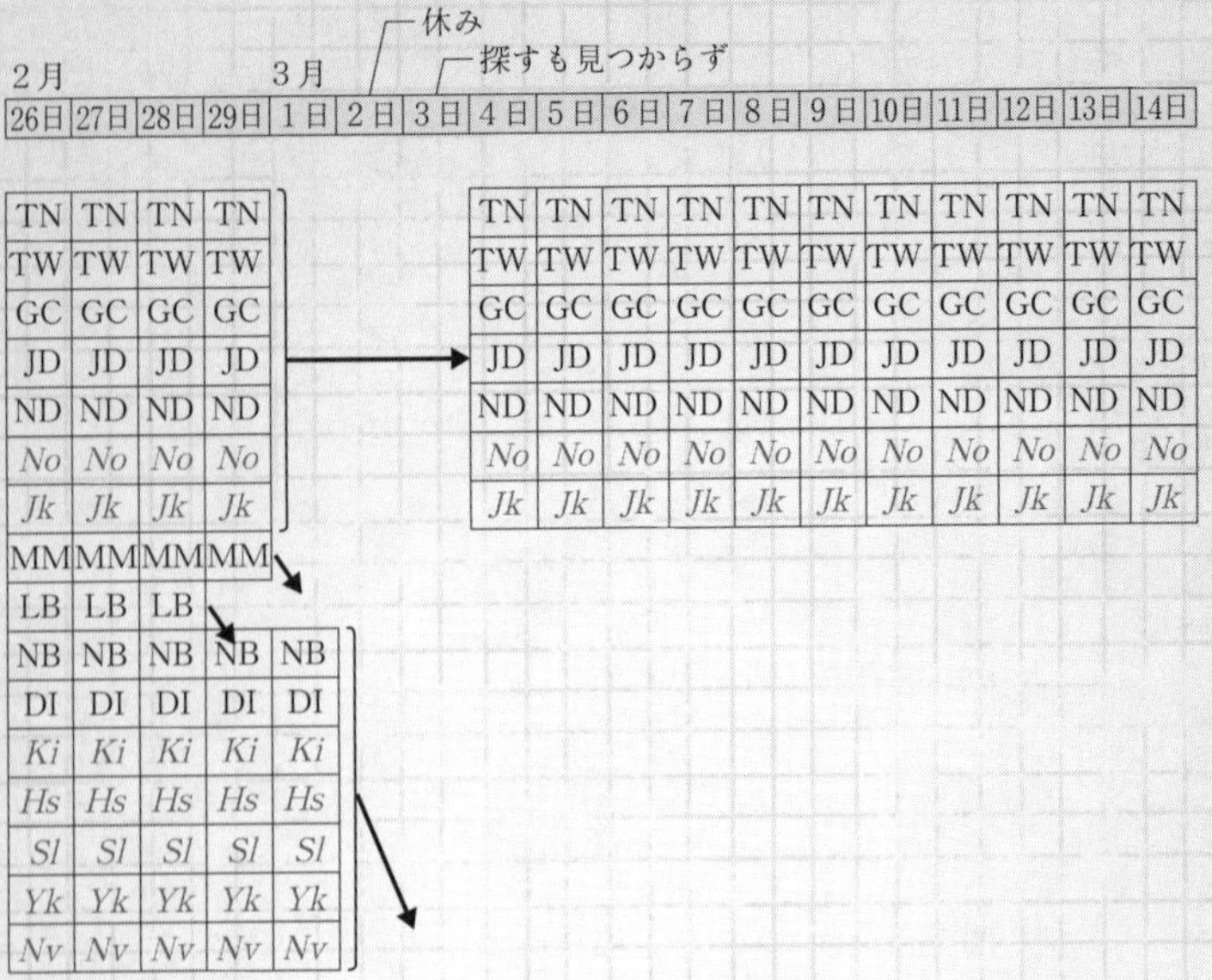

図3　ボノボの離散パターン

2008年2月26日から3月14日のE1集団のグルーピング・パターンを示す（メスを斜体で記す）。

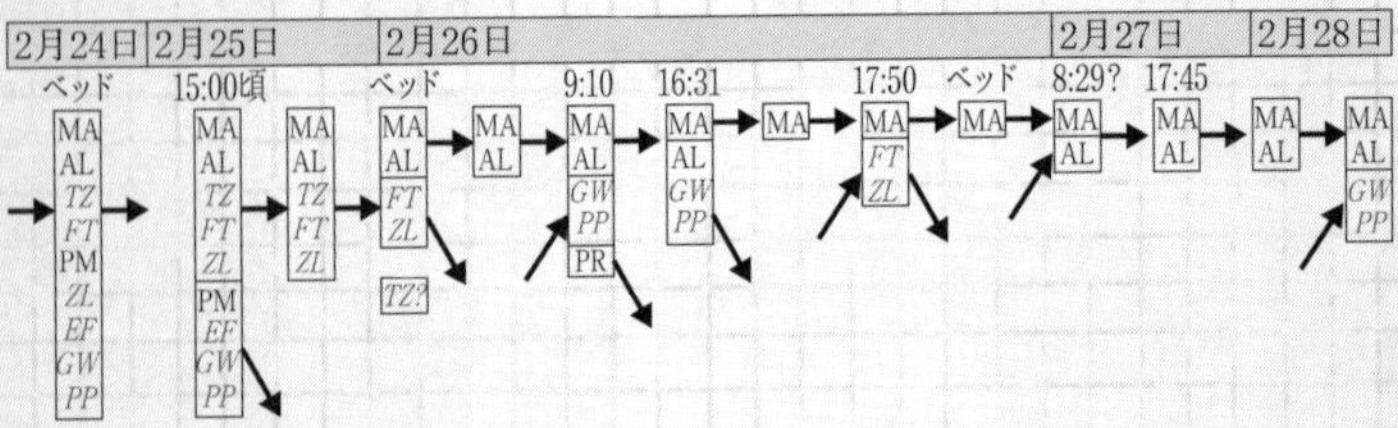

図4　チンパンジーの離散パターン

2000年2月24日から28日のマハレのチンパンジー、M集団のグルーピング・パターンを示す（メスを斜体で記す）。

示したのは、比較的分散しがちな時期のグルーピングの例で、なんとか連日追跡できたときの観察にもとづく。ばらけたチンパンジーを連続して追跡するのは難しいが、このときは運よく、オトナオスのマスディ（MA）を中心に追跡することができた。二月二六日の午後を除けば、もう一個体のオトナオス、アロフ（AL）と遊動を共にしていた。ちなみに、この図に出てくる個体は、観察対象のM集団のごく一部の個体にすぎない。当時、この集団には、オトナオスが八個体、オトナメスが二〇個体いた。

さて、このように分散しがちな時期、移動していった先で、ときどきメスやコドモたちと出会っては合流する。と思うと、また歩き出して、離れていく。ここでマスディが出会ったおもなメスは、いずれも年配のファトゥマ（FT）とグェクロ（GW）である。分散しがちな時期は、メスたちはそれぞれ遊動域を狭くする傾向がある。マハレの調査基地はM集団の遊動域の北寄りにあるのだが、ファトゥマもグェクロも、ともに北寄りの遊動域を好む個体だった。ちなみに、ピム（PM）はワカモノオスでファトゥマの息子、ピピ（PP）とプリムス（PR）はそれぞれコドモのメスとオスである。ピピは母親を亡くし、不妊で子供を持たないグェクロが母親代わりを務めていた。この観察にプリムスの母親は出てこないが、そう遠くないところにいたことは確かだ。ゾラ（ZL）という個体は、この集団に移入したばかりのワカモノメスで、このころは年配のファトゥマにつきまとうことが多かった。どうだろう、前から観察していたから、今述べたような個々体の特徴やつながりをそれなりに把握していて、それがよくわかる集まりのパターンを見せている。

それにしても、個々体がわりと気ままに他個体と離れている。この図の中に、集団のほんの一部の個体しか出てこないという事実も重要だ。ボノボと比べてということではあるが、この個々に独立した感じから、チンパンジーの遊動は個体性が強いという印象を持つ。この個々が独立した感じと比べると、ボノボの方は、なんというか、わりとすぐに寄りそえる距離で一緒にいる感じである。動き出した母親に子供がけな気についていく、そんな感じの距離感とでも言おうか。

ただし、他と分かれたパーティの安定したメンバーシップは、マハレのチンパンジーでも、メスとコドモを中心とするパーティで見られる。また、一つの集団の個体数、つまり集団サイズが小さいほど、集団内で小さいパーティに分かれることは減り、まとまりよく遊動するようになる傾向がある。[10] ボノボでも、ワンバに限らずよく似た傾向が確認されている。[11]

このような「まとまりのよさ」が、チンパンジーとボノボの種間で違うのか、あるいは、種内でも見られるヴァリエーションなのか、精確なところはわかっていない。種内のヴァリエーションを知るには、ボノボの調査地が少ないために限界がある。また、種内であれ種間であれ、どのような指標で比較すればよいかは問題だ。これまでも一時的なパーティ・サイズを比較した研究は多くあり、「まとまりのよさ」の一面を評価してはいる。しかし、4章で詳しく触れるが、観察条件や人に慣れた程度に応じて、集まり具合は変わってくる。調査地間で比較するときには、注意が必要だ。さらに、パーティ・サイズや集まり具合には、捕食者の存在、食物環境の変化、発情メスの存在、隣接集団とのかかわりなどが影響するかもしれない。種間や調査地間で比較するには、これらの影響を取り除くように変数をコントロールする必要もあろう。

このような量的な変数に基づく比較研究が考えられる一方で、まとまり方に質的な違いがあるかどうかを評価することも大切である。それなりの社会的技法なくしては成しえないまとまり方というのがあって、そのことが、グルーピングや遊動のパターンに作用するということが考えられる。そのような社会的技法というのは、種に特有な行動パターンであるかもしれない。

あらためてワンバのボノボに見られる「まとまりのよさ」を思ってみると、そこには、一緒にいるボノボたちの一体感が感じられる。それは集まりの凝集性や個体間の距離から受ける、みなが一緒にいるという感じであり、かれらはそんなふうに互いに寛容になれるということだ。また、かれらが活動を同調させる姿は、一緒にいる者たちの一体感をさらに印象づける。ときに、先に採食樹に着いた個体が木に登らずに座っている。後から他の個体が来たところで、静かに、フッ、フッ、フッ、と小さい声を掛け合い、みなでそろって目の前の木に登っていく。どうやら一緒に食べはじめるために待っていたようだ。このような様子が見られるのは、たいてい食物が豊富な時期になる。先に着いたオスたちが、後から来るメスたちに怒られないようにしたという側面もあるかもしれない。

みなが一緒にいる一体感は、どれくらいの数の個体が集まっているかにもよるが、一緒にいるメンバーが安定するという点は重要だ。離れられるのに離れないところに、互いが近くにいることへのこだわりが感じられる。ここで注意したいのは、ボノボは一個体だけで離れて遊動することもあるということだ。とくにオトナオスには、数ヶ月も一人でいなくなったという観察例がいくつもあ

片脚を引きずるように歩くタワシ

る。過去のワンバの報告に、そのような事例を見つけることができるし、私が知る二〇〇七年以降で、もっとも長期にわたった事例を挙げてみると、一四一日間不在だったタワシ（二〇〇八年八月一七日〜二〇〇九年一月四日）、一二二日間不在だったテン（二〇一一年六月一三日〜一〇月一二日）、六一日間不在だったジェディ（二〇一〇年一〇月一七日〜一二月一六日）となる。他の集団のオスが、私たちの調査集団に来てしばらく滞在したという観察例はないので、長期にわたって不在だったオスが、他の集団に滞在していたという可能性はまずない。このようなオスの単独離脱は、順位が転落したときに起きたことがある。右記のタワシはその一例だ。そのときのタワシは、病気を患っていた疑いもあり、半年後に復帰したタワシは、いつも片脚を引きずるようにして歩き、尿は垂れ流しで、その後も体調が以前のように戻ることはなく、いつも集団の最後をゆっくりと歩いていた。しかし、順位転落と病気では説明できない事例もあり、もっと他の理由があって不思議ではない。

離合集散する集団で生活するボノボは、単独でもけっこう生活できるからこそ、分かれてもメンバーが安定するときの「まとまりのよさ」に興味を惹かれる。ワンバのボノボ集団を毎日追って観察していると、なんというか、寝食を共にする家族のような一体感が感じられてくるのである。

まとまりのよさが意味するところ

このような「まとまりのよさ」は、ボノボ社会の全体から見たときに、どのような特徴として位置づけられるだろうか。ここではチンパンジーとの比較から、ボノボの「まとまりのよさ」を、チンパンジーとの「挨拶」の違いに注目して考えてみたい。

1章でチンパンジーの「挨拶」について触れたが、チンパンジーは他個体と身体接触できる距離帯に入ることに気をつかう動物で、手をさし出したり、口を近づけたり、といった接触を求める行動がよく見られるのが特徴だ。比べてボノボはというと、身体接触に至るために乗り越えなければならない敷居が、かなり低い。ことわりを入れるようなしぐさのないままに、容易に身体接触できる距離に入ってしまう。他個体に手をさし伸ばすという行動は、相手が手に持つ食物を欲しがるとき以外に見ることはまずないし、口を相手に近づけるというのも、相手が手に持つ食物をねだるときか、毛づくろいのときに唇の先で相手の顔や体をきれいにするときくらいのものだ。チンパンジーに見慣れた私がボノボを見はじめたころ、おいおい、そんなに近づいていいのか、遠慮ないな、攻撃されないか、大丈夫か、かるく挨拶とかしなくていいのか、お、肌を触れて通り過ぎたぞ、と私の方が緊張しながら、おそるおそる観察をつづけたものである。

このような違いには、両者の攻撃性の激しさに違いがあることも関係しそうだが、そのことを含

オスと複数のメスが作る乱交型の社会である。後者の中には、メスが1個体というめずらしい例が、マーモセットの仲間に見られる。複雄集団はいつも乱交かというと、そう単純ではなく、配偶パターンにおいては単雄集団的になる場合もある。

単雄集団が複数集合する重層社会というのもあり、アジアのコロブス類とアフリカのヒヒ類に見られる[16]。霊長類に見られる重層社会のもう一つは、ヒトである。ヒトは、オスが子育てに関与し、一夫多妻に発展しうるペア型の「家族」と呼ぶ繁殖ユニットを形成する。それが複数集まった集団で生活を営むが、複数家族の集合は比較的流動的である。また、家族内と家族間で食物を分配するという独特な採食パターンを常とする。さらに、この集団を超えた個体の分散(個体の行き来)が見られ、集団の移籍後も失われることのない姻戚関係というものが形成される。姻戚関係というのは、他の霊長類では見られないヒトに特有な特徴だ[17][18][19]。ヒトの「家族」は、複数の家族が親密に結びついた社会の上に成立するところが特徴的で、たとえばアジアの熱帯林でペア型の社会を作るテナガザルは、ペアごとになわばりを構え隣接する他のペアと親しくつき合うことがないのとは対照的である。

Column 3

霊長類社会の多様性

霊長類社会の多様性には目を見張るものがある。ここでは、霊長類に見られる社会組織を、単独性、ペア、集団生活の3つのパターンに分けて説明しよう。

単独生活型の社会は、オランウータンを除くと、すべてが夜行性の種で見られる。個体と個体がかかわるという意味での社会性は、単独生活者にも見られ、おもなものは、母親による子への授乳と、オスとメスの配偶・交尾行動である。これらがもっとも原初的な社会性と考えてよいだろう。

2つ目のペア型の社会は、霊長類の中ではいくつかの異なる分類群で見られ、それぞれが独立に進化したと考えられる。卵を産んで温める鳥類とは違い、霊長類のオスは子への授乳ができないので、子育てに関与するのが難しい。そのため、鳥類と比べると、霊長類ではペア型が進化しにくいのだろう。また、一度ペア型に至った社会というのは、他の型へ移行することが難しく、社会進化の袋小路の型といえる[15]。ペア型は、異性に寛容で、同性に不寛容になることで成立する。オスにとってもメスにとっても、同性への不寛容をあらためて乗り越えようとする進化は、起こりにくいということだろう。

3つ目の集団生活の型には、単雄集団と複雄集団がある。1頭のオスが複数のメスを独占するハーレム型の社会と、複数の

めて、チンパンジーの社会生活では、出会ったときのイベントに重きが置かれているのに対し、ボノボの社会生活では、出会った後で一緒にいることに重きが置かれている、ということができるかもしれない。

チンパンジーのように荒々しくて攻撃力が強い動物では、ヒヒの仲間やオオカミなどがそうであるように、儀礼化した宥和行動（相手をなだめる行動）を発達させている例は多い。また、別離していることを常態とする、あるいは、長期にわたって別離することが起こる動物にとっては、出会ったときのイベントとして、明確に互いの関係を確認し合えるような、わかりやすく誇張された行動パターンを持つことが、その出会いをすみやかに寛容なものにすることにつながるだろう。チンパンジーが威嚇的なディスプレイを派手に繰り返し、他方でパントグラントしながら大仰な身振りで接触を求める「挨拶」をすることは、かれらの社会生活の中で、なくてはならないイベントとなっている。

一方のボノボといえば、先述の、フッ、フッ、フッ、と小さな声を掛け合って活動を同調させる姿が参考になるが、かれらの社会生活にあっては、一緒にいるところに一体感を持たせることが大切であるに違いない。たとえば休息のときなど、あるペアが毛づくろいをはじめると、すぐに他の個体が毛づくろいする相手を見つけようとしはじめ、何組ものペアが近くで毛づくろいすることになる。チンパンジーでは三個体以上が毛づくろいでつながるクラスターをしばしば作るのに対し、ボノボの毛づくろいは基本的に一対一のペアでおこなうという違いがあるのだけれど、それにしても、

背中を向けている壮年期のゴーシュが年長のテンに毛づくろいしている。ワンバのボノボは、他個体に毛づくろいしているときは毛づくろいを受けたがらず（その逆も同じ）、そのため二者間で毛づくろいをときどき交代することになる。オスどうしの毛づくろいは、二者でじっくり長くつづくことが多い。

だいたい午前中に大きな倒木でできたギャップで休息するときというのは、そこに集まる多くが方々で毛づくろいに興じる時間になる。[12] 同じ場所で同じ活動をする姿からは、その集まりの息の合った一体感が感じられる。

はたまた、ボノボのメスどうしは、日に何度か「ホカホカ」をする機会があるが、その機会は決まって、これから採食をはじめようとするときだ。ホカホカとは、メスどうしが正面から抱き合い、お互いの性皮をこすり合わせる、ボノボに特有な行動パターンである。採食樹にたくさん果実がなっていても、よく熟れたおいしい果実がある枝ぶりというのはあって、そのような場所では互いの欲求がぶつかり合い、ケンカになりかねない緊張が生じる。そんなとき、ボノボのメスは、相手に近づいては、ちらと見て、少し相手に体を開いては、一歩後ろにさがり、そんなことを繰り返しつつ、やがてうまく息を合わせて、がしと抱きつき、ホカホカの腰ゆすりをする。一方が下で仰向けになり、他方が上から覆いかぶさることもあれば、両者が頭上の枝をつかんで直立の立った姿勢ですることもある。一方が完全に相手にしがみつくこともあり、その場合は、他方が両脚を踏ん張って支えることになる。一回のホカホカは数秒から十数秒、二〇秒とつづくが、一度体をほどいては、二回、三回と繰り返すことがふつうだ。三個体、四個体のメスが、相手を順に交代しながらホカホカを繰り返すこともよくある。腰を左右に振る速さと振幅がうまくかみ合うことで、クリトリスのあたりを刺激する快感は高まるのだろう。思わず感極まって、ときに唇を引き上げ、歯をむき出しにし、恍惚とした表情を見せる。快感が背筋を突き抜けていく、そんな気持ちよさがあるに違いない。ホカホカをしたメスどうしは、その後は互いに寛容になり、近接して座ったまま、一ヶ所にある食べ物を一緒に食べる。このホカホカは、出会っては離れる社会生活のためというよりは、一緒にいることを可能にするとともに、それに彩りを与え楽しむことに特化した社会的技法のように思える。

ボノボは、このような「まとまりのよさ」を大切にするつき合い方をしているために、かれらがまとまれる集まりの大きさには、チンパンジーとは違った上限が生じているかもしれない。ワンバ調査の初期においては、ボノボ集団の最大サイズが一〇〇個体くらいと推定されたこともあったが、実際に全個体が識別された集団だけを取り上げてみると、一五個体から五九個体の範囲におさまる。[13]初期の観察では、次の章で詳しく触れるが、複数の集団が出会ったときの観察が混ざっていたのかもしれない。一方のチンパンジーはというと、ワンバのボノボと同じくらいの集団サイズがふつうに見られる一方で、一〇〇個体を超える集団もいくつか知られている。チンパンジーの離合集散社会では、集団サイズが大きくなればなるほど、集団を構成する個体の間のつき合いに濃淡が生じてくるだろう。つまり、よく一緒にいる個体がある一方で、出会ってもすぐに離れる個体がいる。集団サイズが大きくなれば、出会うことの少ない個体は増えてこよう。集団メンバーとのかかわりがそのようであっても、出会ったときのイベントにおいて、上位のオスたちを取りしきるアルファオスが、多くの個体から一身に「挨拶」を集めるというやり方でもって、集団の統合が果たされるということはありそうなことだ[14]。ただし、その場合、集団の周縁においては、他個体とのつき合いが疎のままでいる個体がいて、たいていは子持ちのメスということになるが、そこでは集団の所属が曖昧になるという事態が生じているかもしれない。

さて、次章では、ボノボの集団間関係に焦点を当てていく。そこでは、そもそもボノボにとって集団とは何なのか、ということがあらためて問われることになる。

3章

ボノボたちの出会いの祝宴

集団の出会いを追う

1 ボノボからの洗礼

E1集団のボノボを追い、ワンバの森をだいぶ南の方まで分け入ってきた。私はワンバに来たばかりで、自分がどこにいるのかわからない。広大な湿地林のひろがる地域で、地面にはそこら中に窪みがある。見た目でわかりにくい窪みに何度もはまり、すでに長靴の中はぐしょぐしょだ。

そんなこんなで、なんとかトラッカーの後をついていく。私の歩みが遅いせいで、ボノボたちにはだいぶ引き離された。でもトラッカーは、着実にボノボの痕跡を追っている。後で知ったことだが、湿地林の地面は足跡が残りやすい。ボノボが踏みつけた枯れ葉の表面は湿るし、踏めば倒れる背の低い草本がところどころに生えている。足跡の追跡を練習するなら、はじめは湿地林がよい。今は大きな集団がまとまって移動しているので、先を行くボノボを見失う心配はない。とはいえ、延々と湿地林を歩きつづけている。どうやら昨日までとは違う地域へ向かっているようだ。足を置ける場所がしだいに減ってきたと思ったら、ボノボはその先でロクリ川を渡ったとトラッカーが言う。大の大人がパンツ一丁になり、脱いだズボンを頭の上にのせ、腰まで水に浸かりながら、ロクリ川の川筋を二本、三本と渡っていく。

湿地を抜けてロクリ川の西側の森に出た。私が知る二〇〇七年以降のE1集団は、ロクリ川の東側を遊動することが多いけれど、かつて一九九〇年代までは、ロクリ川の西側の森がおもな遊動域だった。ようやくボノボたちに追いついた。前方では、大騒ぎするボノボの声がつづいている。

「お、カメカケがP集団と出会ったぞ」

と、トラッカーが教えてくれる。

ワンバ村の南のはずれ、ロクリ川の西側には、かつてプランテーションがあった。その場所は、今も藪がひどい。なかなか大きな木が育たず、すかすかの二次林のままだ。森の中のあちこちにある倒木でできたギャップは、数年もすれば倒れた木は朽ちていき、やがて大きな森へと飲み込まれていく。しかし、一度大きく開かれた土地は、土壌がたまりにくいためか、数十年を経ても大きな木々が育たない。そのようなプランテーション跡地を遊動域の一部にしているのが、P集団だ。政情の混乱で一九九六年に調査が中断されるまでは、E1集団、E2集団と、このP集団のボノボ個体が識別されていた。[1] 戦後、二〇〇三年に調査が再開されてからは、E1集団がおもな調査対象で、私がワンバで調査をはじめたときは、E1集団のみが全個体、識別されていた。[2]

E1集団が、P集団と出会ったって？　ボノボたちを懸命に追う。前方では、ギャーギャーギャーギャーと騒ぎがつづく。ようやく騒ぎつづけるボノボたちを視野に入れた。確かにたくさんの個体がいる。しかし、本当に、ここに二つの集団がいるというのか。二集団のボノボたちが出会い、同じ場所で混ざり合っているという。これではE1とPが二つの別の集団かどうか、わからないではないか。しばらく離れて遊動していた同じ集団の二つのパーティが合流したのと、どう区別すればよいというのだろう。そのとき私が感じた率直な感想だ。

二〇〇七年、私がはじめてワンバに着いた翌日のことだった。この経験は、ワンバのボノボから私への強烈な洗礼だった。そのときは個体識別されているE１集団のボノボですら、私には見分けられなかった。二集団のボノボたちが祝宴のように大騒ぎする中、いや、大声で叫びつづけるボノボたちには緊張がそこかしこに感じられ、リラックスしたお祭り気分というのとは違う。そんな状況の中に我が身を置き、胸に興奮を覚えながらも、誰と誰がどんな社会交渉に興じていたかがわからず、悔しさが残るばかりだった。この集団間で起こる祝宴をつぶさに観察するには、隣接集団の人づけと個体識別を進める他に手はない、そう確信した瞬間だった。

2 ワンバのボノボ集団の変遷

平和裏に出会うボノボの集団

野生ボノボの研究は一九七〇年代前半にはじまったが、集団間で平和裏な出会いが頻繁に起こることが明らかになったのは、一九八〇年代も半ばになってからだった。その観察がなされたのは、私たちの調査地ワンバである。[3][4]それまでに東アフリカのチンパンジーでは、集団間の殺戮といってもよい事態が観察されていただけに、対照的ともいえるボノボの集団間関係のあり方は、驚きをもって受け止められた。その前にも、ワンバでボノボの集団間の出会いは何度か観察されていたが、他の集団の声が聞こえると両集団が激しく鳴き交わし、その後は直接の出会いを避け合うことがほとんどだった。ときに激しいケンカが起こったこともあったが、直接観察するのは難しかったようだ(加納(一九八六)[5]には、北村光二、バンギ・ムラヴアによる観察事例が紹介されている)。

集団間の親密な交渉が繰り返し確認されるようになるまで、調査開始から一〇年ほどの月日を待たなければならなかった。どうしてか。一つ考えられるのは、ボノボがどれくらい観察者に慣れているかの問題である。ときに出会う隣接集団が人に慣れていないボノボたちだったら、調査集団について来ている観察者の存在のために、そのボノボらは落ち着かず、距離を取るべく離れてしまうかもしれない。

話はそれるが、ワンバでボノボによる肉食が確認されたのも、やはり調査開始から一〇年ほどを経てからだった[6](212ページ参照)。ワンバのボノボが肉食する頻度はかなり低いので(二〇一〇年から二〇一四年の私のデータでは、一つの集団が肉食する機会は、年にせいぜい数回である)、簡単には結論できないが、ボノボの肉食を観察する機会には、ボノボの慣れ具合に加えて、森に棲む他の動物の人への反応も影響するだろう。ボノボにつきまとう観察者を怖れて獲物の動物が逃げてしまうなら、そのためにボノボは狩猟するチャンスを逸してしまう。一方、人から逃げるのでなく、とどまって警戒し隠れたり威嚇してくる動物なら、ボノボの狩猟の成功率を上げることにつながるかもしれない。ボノボを観察する者が、かれらの世界に踏み入るときは、十分につつましく、慎重に、小さく目立たない石ころのように観察することを心掛けなければいけない。

ボノボの集団間関係は、その後の研究の進展が期待されたが、先述のように国の情勢の悪化のため、一九九〇年代には主たるサイトで調査が中断されていった。二〇〇〇年代に入り、いくつかのサイトで調査が再開されたが、集団間関係の研究はすぐには進まなかった。複数集団を調査対象に、それぞれ人づけを進めるというのは、時間と労力を要することなのである。

増えたオトナオスの謎

ここで、ワンバのボノボ集団のかつてから今に至る変遷を追っていくことにしよう。一九七三年に調査がはじまったワンバでは、長期に調査が中断される戦前の一九九〇年代まで、E1、E2、Pの三集団のボノボが個体識別にもとづき調査されていた(図5)。かれらは、おもにワンバ村の集落の西側の森を遊動するボノボたちだった。集落の東側の森には、BとKの二集団がいたが、調査初期の一九七〇年代半ば以降は、集中的な調査はされてこなかった。

それでは時計の針を進め、コンゴの戦乱を経て調査が再開された二〇〇三年以降のワンバに目を向けてみよう。情勢はまだ不安定で、なかなか日本人研究者が長期でワンバに入ることができず、カウンターパートのCREF研究員が長期でワンバに滞在したころになる。はじめは観察者を警戒し

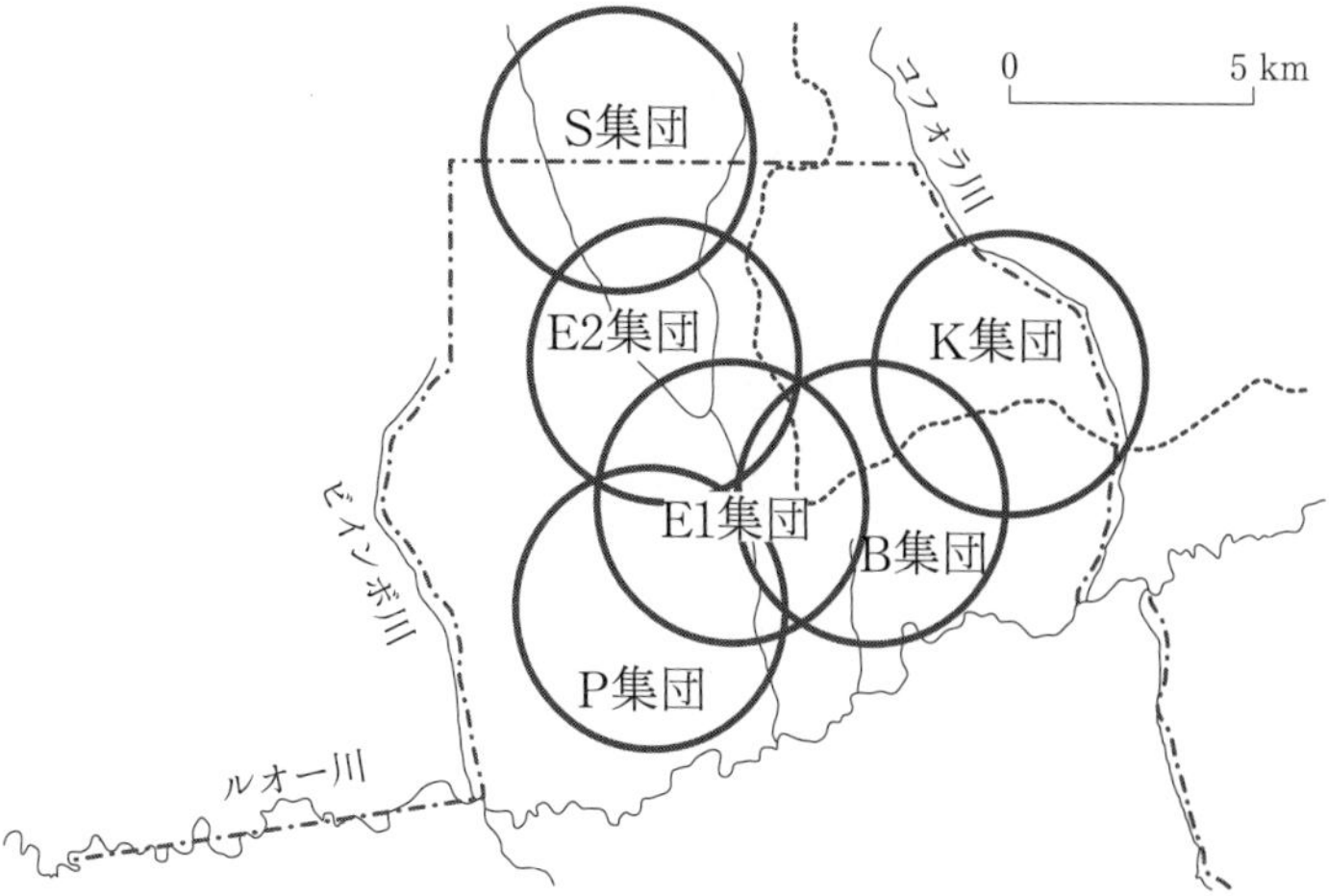

図5　戦前のボノボ集団

1990年代、調査が中断される前のワンバのボノボ集団の位置取りをおおまかに示す。

てしまうボノボたちを慣れさせるところから調査ははじまった。研究者が不在だった戦乱時、調査集団のメンバーが散弾銃で殺されたことがあったと聞いている。きっと一度きりのことではなかっただろう。トラッカーや研究者が警戒されても仕方がない。

おもな調査対象は、研究者の調査基地があるヤエンゲ集落の近くで見つかるボノボだったが、その中に、かつてE1集団にいた個体が確認された。先にも触れた一九七〇年代前半生まれのオス、テンとタワシである。それから、一九八三年に他の集団からE1集団に移入したナオと、一九八四年に移入したキクだ。どちらも当時ワカモノ期にあったメスである。私もよく知るなじみの四個体だが、少なくともこの四個体の存在が、幾度かの調査中断をはさみながらも、E1集団の存在を確かにしてくれた。長いときで

六、七年も調査が中断してしまったのだから、いくら成長が遅く寿命の長いボノボとはいえ、かつてコドモだった個体は見た目で識別するのは難しくなる。それでも、何個体かはＤＮＡにもとづく分析で、戦前に識別された個体との同一性が確かめられている[7]。

しかし、このとき大きな謎が発覚したのである。調査再開後のＥ１集団のオトナオスの数を勘定してみると、なんと一九九六年の調査中断前の数より多くなっていたのである。これはどうしたことか。

ボノボの生活史と性について

ここで、ボノボのライフヒストリー、生活史について説明しておこう。生活史とは、生物個体の一生のことで、おもに成長段階とデモグラフィー、つまり人口動態にかかわるイベントに焦点があてられる。現代に生きる私たちは、人口爆発の問題や少子化の問題を経験しているように、デモグラフィーに関して、なんとも移ろいやすい側面を見せている。一方、これまでにわかっているボノボの生活史に大したヴァリエーションはなく、オスは生まれた集団で一生を過ごし、メスは思春期を迎えお年ごろになると、生まれた集団を出てよその集団へと移る。メスはその後、多くは一〇代に入ってくると初産を迎え、その後は集団を移ることなく子育てをしながら年齢を重ねていく。子育ては、少なくともコドモ期の初期までつきっきりで、出産間隔は平均すると四年から五年になる。不幸にして幼子が亡くなると、発情の再開は早く、しかも一回目か、せいぜい二、三回目の排卵で

5才2ヶ月になる兄のイサオ(右)が、2才2ヶ月の妹イロハ(中央)の前で、母親のイッチ(左)から母乳をねだっている。出産間隔が35ヶ月と比較的短い兄妹間ならではのめずらしいシーンではあるが、それにしても、イサオはいくつになっても甘えん坊ぶりがおさまらないオスだった。

〈動画URL〉https://youtu.be/6Xk6VzrwK-E

次の子を宿す。

ワンバのボノボ調査は一九七三年までさかのぼるが、これまでワンバで個体識別されたメスは、すべてコドモ期の終わりかワカモノ期に自分の生まれた集団を離れている。出自集団を離れたメスは、たいてい数年のあいだ、いくつかの集団を渡り歩き、やがて一つの集団に定着する。チンパンジーも基本的には、ボノボと同じように、オスは出自集団で一生を過ごし、メスはワカモノ期に他の集団へ移籍するが、チンパンジーの長期調査地の報告を概観していると、出自集団を出ていかなかったメスの事例をいくつも見つけることができる。一方のボノボは、少なくともワンバでは、そのような例外的なメスは、いまだに一個体もいない[8]。

少しメスの成長を追ってみることにしよう。メスは、アカンボウのころから肛門のすぐ下に三角形をした小さな陰唇が見えている。下に妹か弟が生まれ、やがて五、六歳にもなってくると、母親から距離を取ることが増えてくる。コドモ期の終わりごろから陰唇部が少しずつ膨らんできて、隣接集団と出会ったときは、他の集団の個体に強い関心を寄せるようになる。そのころに他の集団へ出て行ってしまう、おませなメスもいる[9]。

ボノボのメスには、ヒトと似た性周期があるが、複数集団のあいだを行き来するワカモノ期は、性皮のしぼむ期間があまりない。性皮の腫れ具合の周期が安定してくるのは、個体差もあるが、思春期も後半、あるいは初産の後になってからだろう。他の集団の異性へ活発にアプローチし、新しい集団のメスらと関係を深めていく一、二年のあいだ、盛んな性交渉が見られるにもかかわらず、出産することはない。ワカモノ期の不妊期というのがボノボにはある[10]。やがて出産を経験し、オトナとして成熟してくると、排卵にむかう二週間ほどのあいだ、お尻の性皮をパンパンに腫らすようになる。初産の後も、まだまだ性皮は大きく成長していく。若いときは、つるっときれいだった性皮も、オトナになると性皮に傷を持ったメスが増えてくる。外傷ではない原因もありそうだが、性皮がデコボコしたメスというのもめずらしくない。そして四〇代も半ばになってくると、かつてのようには大きく膨らまず、少しこわばった腫れ方に変わってくるメスが目立つ。

性皮と関連して、異性への態度についても触れておこう。成熟したメスの性皮の大きさには、だいぶ個体差がある。性皮は大きい方が魅力的かというと、そうではない。個体差のある大きさより、パンパンに膨らみテカテカしたところに、オスたちは魅力を感じるようだ。しかし、それだけでもない。性皮がもっとも膨らんだ状態がつづく中でも、周りのオスたちの態度を見ていると、多くのオスが夢中になるときとそうでないときがある。メスは性皮の最大腫脹がつづいた終わりのころに排卵するが、そのタイミングのあたりに、一緒に生活している同じ集団のオスたちは、なにか独特な魅力を感じるのかもしれない。現在も、野生ボノボを対象にホルモン動態を調べる生理学的研究がおこなわれているので、ボノボの性行動と繁殖の詳細も、いずれ明らかになるだろう。

E1集団のユキの性皮。この性皮のデコボコには、外傷以外の原因があるのかもしれない。

性的な活発さに注目すると、ワカモノ期のメスには目を見張るものがある。性的な活発さとは、まずオスとメスの交尾ということになるが、それだけではない。メスどうしは、対面して抱き合い、腫らした性皮を互いに擦りつけ合う「ホカホカ」をおこなう。チンパンジーのメスも、ボノボと同じように性皮を腫らすが、ホカホカはチンパンジーでは見られない。ボノボのメスの

当時アルファオスのノビタがサラと交尾しているシーン(00:20頃〜)。サラの息子セコが駆けつけ、間に入り、ノビタのお腹にしがみついている。　〈動画URL〉https://youtu.be/L0pDIfsl_QQ

方が、生殖器がお腹よりに位置していることが一因だろう。交尾にしても、ボノボは他の哺乳類と同じく、オスがメスの背面からおこなうが、対面した体位で交尾することもある。オトナよりワカモノのメスの方が、そうすることが多い。これも生殖器の位置が関係しているだろう。オスはオスで、とくに若いオスたちが、性的に活発な若いメスの求めに応じることが多い。せいぜい十数秒で終わる交尾という行為をもっとも頻繁におこなうのは、そういった思春期を迎えた若い個体たちである。また、ボノボのオスというのは、二歳にもなればそれなりにペニスを勃起させて、メスの性皮の中央にあるヴァギナにペニスを挿入することを覚えはじめる。ただし、睾丸が大きくなるのはもっと後のことで、射精がともなうわけではない。

ボノボの交尾は、せいぜい十数秒と書いたが、これはチンパンジーよりは長い。また、あるペアで交尾があると、二回、三回と繰り返すことが多い。ワカモノのメスを相手するときは、後背位から対面位、そしてまた後背位へと、一連の交尾の中で体位を変えることもある。どっしりしたオトナメスが若いオスと後背位で交尾しながら、もっと奥までと言わんばかりに、手を伸ばしてオスのお尻を引き寄せることもある。いつ射精したかは、交尾を見ていても、よくわからない。後でメスの性皮をみると、白い精液が垂れていることがある。チンパンジーでは交尾の直後、うなだれて、じっとするオスの姿をよく見かける。射精後の虚脱感とでも言おうか、あのオスの佇まいに私は共感してしまう。しかしボノボでは、交尾直後の、あのうなだれた姿を見かけない。お、射精したかな、と思うときがないわけではないが、チンパンジーのオスのようなわかりやすさはない。

ボノボ集団にはたいていいる、強さのアピールが他に勝るオスというのは、第一位の地位、アルファ位を占めるという意味で、アルファオスと呼ぶことがある。アルファオスというのは、性皮を大きく腫らした特定のメスに執着することがある。その相手は、初産を迎える前の若いメスではなく、何度か出産を経験したメスを対象にするのがふつうで、オスにとっては、子供のころから馴染みのおばさんメスを相手することも多い。売り出し中の立派な体格のオスの態度を見ていると、ああ、ここ数日があのメスの排卵なのかなと思わせる。

近ごろ明らかになってきたＤＮＡにもとづく父子判定の結果は、アルファオスの子が多いことを示している。[11][12] ボノボのメスは性皮があまり腫れていないときも交尾をするし、妊娠中、あるいは出産直後でも交尾が見られ、つまり、受胎しない時期にも日常的に交尾をおこなう。これは、ホカホカと同じように、ボノボの交尾が繁殖という文脈に限られない役割をになっていることを示唆している。結果として、ボノボの交尾を見ていると、相手を選ばない乱交の社会となるわけだが、この点からすると、父子判定の結果はわりと意外なものだった。アルファオスは、せいぜい一週間にも満たない期間とはいえ、そのときの意中の相手を囲うように努めることをするが、その意中のメスの周りには他のオスも集まりがちで、ケンカもよく起こる。[13] そのような状況でも、アルファオスが意中のメスとちゃんと交尾をしていたわけだ。アルファオスがこの成果を力づくでものにしている可能性がないわけではないが、メスの方が受胎しそうなころに自らが望むオスを誘い、あるいは、自らが望むオスの誘いだけに応じることとの結果かもしれない。オスとメスのあいだで、日ごろの社会関係に重きが置かれる社会交渉と、実際の受胎につながる性交渉とがどのようにかかわっているのか、いまだ明らかになっていないことは多い。

ボノボ集団の消滅、そして融合

さて、ワンバのボノボ集団の変遷に話を戻すことにしよう。前項でみたように、集団間を移籍するのは若いメスだけなので、戦後に調査を再開したＥ１集団でオトナオスの数が増えていたという事実は、大きな謎であった。減っている分には、かまわない。病気や寿命で死ぬことがあるし、密猟だってある。メスもまた謎にはならない。生き死にだけでなく、移出するメスと移入するメスの数に違いがあれば、集団のメスの数は増減する。しかし、オスの数が増えてしまったとは、どうしたことか。実は、このE1集団で、とんでもないことが起きていたのである。もし調査再開がもう少し遅れていたら、この重大な事実が知られないままに終わった可能性すらあった。

二〇〇三年以降のE1集団は、一九九〇年代に知られていたより、東側の森を遊動することが徐々に増えていった。かつてはB集団、その先にK集団がいたはずの森を、少しずつ探索していったかの如くである。当時を知るCREF研究員のバンギ・ムラヴアさんから聞くところによると、E1集団が東の森へ遠征するたび、どうも見知らぬシャイなボノボが現れたという。やがてE1集団が西の森へ戻っていくと、その個体たちはついてこなかった。そのようなことが数年にわたって繰り返されるうち、見知らぬシャイな個体たちも研究者と調査助手に識別されていった。そして、かれらは徐々にE1集団になじみ、二〇〇六年までには他と区別がつかないくらいE1集団のメンバーとして定着したという[14]。少なくともオトナオスのノールとダイ、オトナメスのユキとジャッキーが、その個体たちである。当時、ユキは娘のユキコを、ジャッキーは息子のジローを連れていた。いったいかれらは、何者なのだろうか。

ワンバ村の森は、集落の西側と東側に広がるが、東側の森は、もともとワンバの村人があまり利用しない地域だった。4章でも述べるが、これにはかつて、おそらく一九四〇年ごろまでワンバ村の集落が今の西側の森にあったことと関係している。村人から聞くところよると、当時、中央政府からのお達しがあり、かつては西の方にあった集落が今の位置に移ったのだそうだ。そのようなわけで、ワンバ村の人々は今も、集落の西側の森のことを自分たちの森と思う気持ちが強く、東の方は、出入りする範囲と機会が限られる。そのため、集落の東側の森は外からの密猟者が入りやすかったのだろう。そして、そこに棲んでいたB集団とK集団のボノボたちが、おそらく壊滅的に狩られてしまったのである。

ノールとダイ、そして、ユキにジャッキー、つまり、オトナのオスと子持ちのメスであるかれらは、密猟で壊滅的に殺されてしまったB集団の生き残りだろう。K集団の生き残りかもしれない。今に至るE1集団の中には、他集団から加わったと思われる個体が、右記の個体の他にもいる。今でもわりとシャイなオトナオスのジェディは、その一個体で、個体識別されたころは、右記の四個体と別に現れていたようなので、もしかしたら出自集団が違うのかもしれない。確かなことはわからない。

密猟という外からの影響で集団の個体数が壊滅的に減ったという特別な状況だったとはいえ、ワンバでは、二集団、場合によると三集団のボノボが、一つの集団に融合した可能性がある。ロマコでは、オスが集団間を移籍したという事例が報告されているが、[15] これももしかしたら、隣接集団が壊滅的に個体数を減らすようなことが起こったためではないか、そんな可能性も考えてしまう。しかし残念ながら、その直後に調査は中断しているので確かなことはわからない。

チンパンジーでは、東アフリカのマハレやブドンゴで、集団の個体数が激減した場合に、子持ちのメスたちが次々と隣の集団へ移るという事例が報告されている。しかし、そのような状況でも、成熟したオスが他の集団に移ることはない。[16] 成熟したオスは、他のオスが消えうせ、たとえ一個体になったとしても、所属する集団を変えることはない。ただし、西アフリカのチンパンジーでは、オスの集団間移籍の報告がある。

集団が壊滅しそうな特別な状況だったとはいえ、オトナオスを含む複数個体が他の集団に融合したことには、見知らぬ個体にも寛容になれるボノボらしい側面がよく表れているといえよう。

3 村と森のあいだで

ワンバ村の生活になじむ

調査基地の立て直しを図った二年間が過ぎ、その後の二〇〇九年は岐路に立たされた年だった。それまでの二年間、私とCREF研究員が交替でワンバに滞在し、以前からの体制を踏襲しつつ、私は新しい経験を積むことができた。しかし、二年間の任務だった調査基地の立て直しという目的は、道半ばだった。一年あまりを経たあたりで、経験したもろもろの出来事がようやく全体の中で把握できるようになってきた。二年目も半ばになって、ようやく立て直しへ向けたヴィジョンが頭に浮かびはじめ、それらを形にしたい想いに駆られるようになった。

慣れない土地での生活も半年、一年と経ってくると、村人ともだいぶリンガラでコミュニケーションがとれるようになってきた。日中のほとんどを過ごす森ではトラッカーとよく話をするが、かれらがたんたんと出来事を羅列する語りの中で、控えめにお願いを伝えてくることがある。言葉の理解に不自由するはじめは、問題や要求はできるだけ端的に伝えてほしいと思うのだが、直接にお願いするのは抵抗があって、暗にわかってもらいたいというのが心情だろう。そのような会話の中で、あるときふっと、話し相手の顔に、気持ちとひとつになった表情が浮かびあがり、その人の語りが胸にしみ込んでくるようになる瞬間が訪れる。リンガラでどう言ったのか聞き取れていなくても、何を言わんとしているのかが伝わる。そのような経験をするようになったのが、そのころだった。似たような経験は、かつてタンザニアでスワヒリ語を覚えたときにもあった。

私が監督する現地の調査助手は三〇人ほどいたが、かれらは子だくさんで、若いころに出会った嫁は片手を超えるくらいの子を産み、その後も安定した収入が助けになるのか、それなりに年の離れた第二夫人を得ることが多い。自分の子以外に親戚の子を世話することも多く、少なくとも私の世代の日本人からみれば、それは驚くほどの数の身内を抱える一家の長であった。

そんなかれらは、私のことを、リンガラでモコンジ、フランス語でシェフ、などと呼んだ。ボス、社長といった感じだろうか。得てしてお願いに上がるときは敬称の連続で、シェフ・モコンジ・ドクテール・パパ・サカマキなどと呼ばれる。また面白いことに、リンガラでタタ、つまり、お父さんという呼ばれ方もされた。私とかれらのあいだは雇用人と使用人の関係になるが、雇用人である私は、使用人にとっての父親になるのだろう。あるとき、私より二〇歳くらい上の人から、それこそワンバの日本人研究者と長年一緒に仕事をしてきた人だったが、その彼が、ワンバ村で週に一度、市場が開かれる日に、目をキラキラ輝かせてやってきて、タタ、かっこいいベルトを見つけたんだ、買ってよ、と言ってきた。私はしばし驚いてしまった。本当に彼のタタ、父親に扮しなければいけないのだろうか、と。それでも、やがて、似たような経験を繰り返してくると、日本の中小企業、あるいは高度経済成長時代の企業理念を支えた日本的家族観なるものを思い出したりしながら、そのような出来事にも慣れていった。

ボノボを朝から晩まで追って村に戻ると、たいてい問題を抱えた人が私の帰りを待っていた。子供の学費、病気で必要な診療代、薬代のお願い、痴話げんかのようなもめごと、それから身内が役人に拘束されたという面倒事など、さまざまな問題が持ち込まれた。役人や村長、郡長などが待っていることもあり、毎日がそんな感じだったから、体の汗を流し夕食にありつくころは、たいがい夜も更けていた。

丸一日森を歩けば体は疲れるし、村人の用で研究の時間が奪われるのは気分的にもストレスだったが、はじめは事情がわからなかったから、それぞれの村人の訴えや要求に耳を傾け、役人が持ち込む問題などを理解するように努めた。むしろ雑多な問題が持ち込まれたおかげで、村人の日常の、外部の人間が外から見ているだけでは知ることとの難しいことや、かれらが素朴に抱いている価値観なんてものに触れることができたのだろう。そういう意味では、夜の休む時間をけずり過ごした日々は、今につながる貴重な体験である。まあ、ありていに言えば、そんな形で人と接する時間が楽しかったのである。

たとえば、村のもめごとに男女の問題は多く、困っている人の話を聞きながら、頭の中では人間と類人猿の社会を比べたりしつつ、村の家族ごとの親族関係に詳しくなれたし、人が抱く嫉妬心と自尊心は厄介なものだが、そこに注意しておけば問題を大きくせずにおさめられる、そんな感覚を学ぶ機会にもなった。ああ、日本もワンバも、どこも一緒なのだなぁと思ったものである。嫁を二人、三人ともらうのがふつうな人たちのあいだで、嫁とは違う愛人と呼ばれる存在があるのを知ったのは新鮮だったし、一〇代の女性が未婚で子を産み、当然のように子を抱えて小学校へ通う姿を目にしていると、私の中にあった価値観はいともたやすく崩れていくようだった。

村での私の存在は、そうして少しずつ大きくなっていった。私のもとに持ち込まれる問題が増えていたし、というよりは、より大きな問題の持ち込まれることが増えていたのだろう。おかしな話だが、ワンバに二回、三回と通った後になると、私が日本にいるときでも、今この瞬間に自分の分身がワンバにいて、今もその分身が村のさまざまな問題に対処しているような、そんな錯覚を覚えたものである。あるとき日本で、そのことを知人に話したら、そういうのをしがらみと言うのよ、と返されたが、なるほど確かにそうかもしれないと思ったことが懐かしい。

ワンバ基地の立て直し

さて、村の問題はさておき、調査基地の運営ということになると、これは長期調査地であることが重要で、私のように後からワンバ隊に加わった者は、まずはそれまでのやり方をよく知り、それに倣い、踏襲していくことが大切になる。これがもし新しい調査地であれば、それは右も左もわからない状況で困難を極めるだろうけれど、自分が思うことを試すしかないし、自分の思うことを試すことができる。けれど、長期調査地では違った配慮が必要となる。はじめはバンギさん、ヤンゴゼネさんに助けられながら、かれらのやり方を観察するように努めた。日本に戻ったときは、かつてワンバで調査された先輩方から昔の話などをうかがい、困った問題に道を開くアドバイスを得ることができた。

とくに二年目には、ワンバを一九七〇年代から知る黒田末壽さんと一ヶ月ほどワンバでご一緒する幸運に恵まれた。これは大きかった。たとえば村人や役人との接し方を思うと、黒田さんのやり方を観察することで、信頼できるヴァリエーションを知ることができたし、諸々の対処が迫られる中で、ときには決断を急かずに流しておくやり方であったり、タイミングの計り方であったりを学んだように思う。また、ワンバ基地を実質的に主導し、私の過ちの責任を負われる立場にあった古市剛史さんからは、日本と容易に連絡が取れない状況にあって、現地での私の判断を尊重するとおつしゃっていただき、とても勇気づけられた。私がタンザニアのチンパンジーからワンバのボノボへ転向するきっかけをくださった伊谷原一さんは、自分の好きなようにやればよいと背中を押してくださり、私の勝手をフォローしてくれた。

二年間のポストが終わり、ポスドク研究員として次のステップが大切なことはわかっていたが、そのときの基地の状態のまま、ワンバを離れることはできなかった。外からの研究者、新人の研究者を迎えいれる状況にするには、もう少しの時間が必要だった。それで、ワンバが三年目になる二〇〇九年は、その前年に京都大学霊長類研究所に移られた古市さんのお世話になり、ワンバ基地の現地マネージャーをつづけることにした。ボノボ調査をはじめた当初は、タンザニアで進めていたチンパンジー調査も継続しようと思っていたし、そのためにも他のポジションにつくという選択肢があった中で、これはもう、タンザニアでの研究はひとまずあきらめる、そういう決断でもあった。そのような岐路の年にあって、ワンバ基地の立て直しは、舵を大きく取りなおすことにした。ボノボの調査においては、探りを入れていた研究テーマの探求を本格的にはじめようと目論んだ。

新たな調査テーマについては次の項で触れることにし、ここでは、ワンバ基地の立て直しについて話しておこう。CREFが私たちのカウンターパートであることに変わりはなかったが、基地の運営をCREF研究員の長期滞在に頼ることはやめようと考えた。これには理由が二つあった。一つは、コンゴの厄介な地方役人との交渉をどうするかが関係する。交渉といっても、こういってしまうとひどく思われるかもしれないが、たいていはお金が必要なときに何かしら問題をこしらえて、お金のあるのが確実な私たちのところに問題を持ち込んでくるのだった。たとえばクリスマス、年末が近づいてくると、私たちの調査助手は、よく役人の書状をもって拘束された。一度、拘束されてしまうと、村に戻るためには、給料を前借りしてでも相当な額を役人に払う必要があった。はじめはコンゴ人であるCREF研究員は、そういうコンゴ独特とも思える問題にうまく対処するだろうと思っていたのだが、かれらも同じ公務員であるためか、あまり強く出ることはなく、かれらの交渉で問題の根本が解決することは、まずなかった。結局は日本人が来るのを待て、ということになってしまう。ワンバ滞在も二年目に入り、私が直接交渉にあたる機会が増えてくると、わりと問題がすんなり解決することもあった。CREFのご尽力には頭が下がるばかりだが、私ならその場で、何かしら具体的な提案や決断をする、あるいは、そのようなはったりをきかすことができる。この違いは大きかったと思う。そのような経験もあって、役所や村の問題に対し、CREFと私が二重に対処するよりも、私がひとえに対処した方がよいと踏んだのである。これは大きな決断だった。私がワンバにいる限りはやっていける、そういう覚悟でもあった。私が帰国中は、サカマキを待て、を合言葉とした。

もう一つの理由は、日本人研究者が不在のとき、CREF研究員がいなくてもボノボの調査が滞りなくつづけられるかという点にあった。これについても、現地調査助手のトラッカーだけでやっていけるという、私なりの読みがあった。すべてのトラッカーが森の達人であるこの村にいて、かれらの能力は計り知れなかった。四〇代も半ばを過ぎると老眼鏡を必要とするトラッカーが増えたが、みながノートを片手にボールペンでしっかりアルファベットを書くことができた。そこは、タンザニアのマハレで出会った森の達人と違う点だった。ワンバのトラッカーは、最終学歴はどうあれ（ほとんどが小学校卒業程度で、若い世代の中に高校卒業程度がいた）、村ではインテリに属する人たちと言ってよい。弁がたつことは村にあって重要だが、調査助手としてはそれだけでは足りない。リンガラや村の慣習などがわかっていない新しい研究者を相手するときに、その人が伝えようとしていることを即座に斟酌できる能力が重要で、そういう賢さが調査助手には求められた。

問題は、かれら調査助手を私がコントロールできるかという点にあった。そのころの私は、仕事の環境さえしっかり調えれば、かれらは私が考える以上の能力を発揮することがあるのを知っていた。私が知らないかれらの能力を、もっと引き出してみたかった。それはとても魅力的なことだった。私はかれらを、ボノボの追跡、観察、そして研究者のサポートをする専門家集団に育てようとした。かれらがそのような専門家集団であることを誇りに思い、仕事の技術をいっそう磨いてくれることを願った。ボノボが地面を移動するとき、足跡を追跡するよりも、ボノボを目で見ながら追えるようになっていったのは、そのころのことである。

隣接集団の調査へ

二〇〇九年、ワンバでの調査は三年目に入り、基地の立て直しと並んで、ボノボの研究でも、新しいテーマへの探りを少しずつ本格化していくことにした。念頭にあったテーマは、ボノボの集団間関係と他の地域個体群の調査だった。

先に触れたように、チンパンジーとは対照的ともいえるボノボの集団間関係のあり方は注目されていたが、それまでに報告があったのは、特定の集団の限られた時期の観察にすぎなかった。また、ワンバのボノボ調査では、一九七〇年代の半ばからボノボの餌づけがおこなわれ、それは調査が長期に中断される一九九六年までつづいたが、一部の研究者からは、ワンバにおけるボノボの集団間関係は餌づけの影響によるものではないかとの批判があった。確かに報告された集団間の出会いは、多くが餌場での観察だった。餌場とは、かれらの遊動域の中に人為的に開かれた一つの採食パッチである。森の果実が多いときは、ボノボは餌場のサトウキビなど見向きもしないが、森の食べ物が少ない時期には、餌場のサトウキビが多くのボノボを引きつけることがあったかもしれない。そのため、かつてワンバで観察されたボノボの集団間関係が、「餌づけ」なしでもふつうに見られる出来事なのか、それとも「餌づけ」という特別な状況で起きた出来事だったのかを明らかにする必要があった。私はすでに、餌づけが一〇年以上おこなわれていないワンバで、本章冒頭のボノボからの洗礼を受けていたので、答えは前者であることを確信していた。そこで、次のステップとなるのは、現実にどれくらい「ふつう」の出来事として起きているのかを、実際のデータをもって示すことと考えていた。

もう一つの、他の地域個体群の調査のためには、ワンバ以外の他の森へ調査範囲を広げることになる。ワンバで暮らす日々を積み重ねてくると、人とつき合う幅は広がり、他の村の話を聞く機会も増え、たまにはワンバ以外の集落を訪れてみたいと思うようになった。バカンス気分を楽しみたい気持ちがあったし、ワンバ以外の森を実際に歩いてみたかった。おいおい、村人や役人との面倒を、またも他の村で一から繰り広げようというのか。そんな声が心の中から聞こえてくる気がしたが、ワンバで二年も過ごしてくると、そこで身につけた人とかかわる感覚を、他で試してみたくもなるのである。

蛇足ながら、私はかつてタンザニアをフィールドに、チンパンジーの集団間関係と乾燥林の地域個体群調査に従事した。ワンバにフィールドを移してからも似たようなテーマを選んだのは、ベースとなる調査基地を持ちながら、エクステンシィブな調査をおこなうことに魅力を感じているからだろう。

E1集団に隣接する集団の調査は、二〇〇〇年代の調査再開後も、古市さんの指揮のもと、おもにCREF研究員のクムゴ・ヤンゴゼネさんによっておこなわれていた。それは月に一週間ほど森の中のガンダをベースに、他の集団のボノボを追跡する調査であった。ガンダとは地元の言葉で、幹線路沿いの集落とは別にある、森の中に散在する家々のことである。ヤンゴゼネさんがビインボ川のガンダで進めた当時の調査対象はE2集団だったようだが、それが果たしてかつてのE2集団だったかは定かでない。

私は、この隣接集団の調査を引き継ごうとした。しかしこの調査では、たかだか一週間とはいえ、私がワンバ基地を留守にする必要があった。トラッカーはルーティンな仕事を心得ていたが、村でのトラブルや子供の病気などで急に休むことは多く、その度にアレンジが必要だった。そのため当

村人がガンダと呼ぶ小屋を森の中に持つことは多い。食用イモムシの「ビンジョー」の季節によく使われ、狩猟や漁労のためにも使われる。

時は、ワンバ基地を任せられる他の研究者がいるときにしか、私は基地を留守にしなかった。研究者不在時も現地調査助手だけでベーシックなデータ収集が回る体制にしたのは、二〇〇九年の試用期間を経た後の二〇一〇年のことである。

私は月に一度、一週間のペースで隣接集団の調査を進めると同時に、観察路の整備などをおこなうテーオーの中から、ときどき人を選んでは一緒に森を歩き、隣接集団の調査ができそうなトラッカー候補を探した。資金が不十分なため、さすがに新しい村人を試すゆとりはなかった。

森のガンダに滞在して進める調査は、そこを訪れる人がほとんどいなかったおかげで、心身ともにリフレッシュできる、よい機会となった。しかし、ガンダの小屋は壊れかけの掘っ立て小屋で、日が暮れてからの蚊の大群には難儀した。軽量のドーム型テントを利用するようになったのは、もっと後のことである。テントは意外に高価だったし、まずはトラッカーと同じ生活を知っておきたいという気持ちもあった。

ワンバの隣接集団の調査は、二〇〇九年にも本格的にはじめたかったが、それはかなわなかった。必要な資金が調達できなかったからだ。その年は私たちにとって資金難の年で、調査を終えワンバを脱出するときも、セスナ機をチャーターするゆとりがなく、私ははじめて赤道州の中を、その熱帯林の地域をバイクで走り抜ける旅をした。

バサンクスという町までバイクで三日間、この土地の幹線路とはいえ、砂地の道を三日間である。かつて外国資本のプランテーションが機能したころは、トラックも走った道であり、ところどころコンクリートの基礎にかかった古い鉄橋を見ることができた。しかし今は、バイクを走らすのがせいぜいの道で、日当たりのよい場所はイネ科の草本が二メートル以上の高さに繁るし、倒木が道をふさぐところは山刀で道を開いて進むしかない。到着したバサンクスの町で、週に一度と聞いていたキンシャサから来る飛行機を待った。期待どおりに飛行機が来たことは、今に思えば幸運だったし、ちゃんとキンシャサの空港に着陸したときは、同じフライトの乗客と一緒に、ついつい拍手をしたくなってしまった。飛行機の着陸時に乗客が拍手する習慣は、他ではめっきり減ったと思うが、コンゴの飛行機では今もよく目にする光景である。

ついに隣接集団の集中調査をはじめたのは、二〇一〇年である。ここでいう集中調査とは、E1集団と同じように、毎日、終日の追跡調査をすることである。連日ボノボを追跡することで、まずはボノボを人に慣れさせる「人づけ」を進める。対象はP集団だ。ボノボからの洗礼でE1集団と出会ったのがP集団だったし、それまでの予備調査で、P集団なら私たちの調査基地から通いで調査できると踏んでいた。ヤンゴゼネさんがターゲットにしたボノボだと、村からの距離があるため、森の中に調査キャンプを開く必要があった。それにはさらなる人員が必要で、調査費用は跳ね上がる。まずはできるだけ小さい規模で、新しい調査をはじめたかった。

幹線路をふさぐ倒木を越える。

P集団の集中調査には、経験あるトラッカー二人に、テーオーの中から抜擢した新人トラッカーを二人つけることにした。E1集団のトラッカー二人をP集団に回したので、その代わりに、村の若い男性を募り新人トラッカーを育成することにした。この年、ワンバを訪れた他の研究者は八月末に帰ったので、九月になるのを待ち、P集団の集中調査とE1集団の新人トレーニングを開始した。

なお、もう一つの他の地域個体群の調査では、その候補地の一つがワンバ村の東に隣接するイヨンジ村の森だった。イヨンジ村では、一九八〇年代から木村大治さんが村人と生活を隣接させながら生態人類学的な調査をつづけていた。木村さんのおもな調査地は、ワンバからは遠い、イヨンジ村の東のはずれに位置する集落だった。イヨンジ村でもっともワンバよりのヨカリとヨファラの集落は、ワンバの日本人とつき合いの長い人たちがいた。二〇〇七年には、地方にもコンサーベーションの波が押し寄せていて、イヨンジのローカルNGOから、自分たちの森をルオー学術保護区に入れてほしいという打診があった。そんなこともあって、何度かイヨンジの森を訪れる機会があったのだが、これについては4章で触れることにする。

4 ボノボの出会いを求めて

集団どうしのつかず離れずの遊動

当時、集団間関係を調査するにあたって、P集団が対象でいいのかという不安はあった。というのも、E1集団が次第にワンバの東の森ばかりを遊動するようになっていて、二〇〇八年九月を最

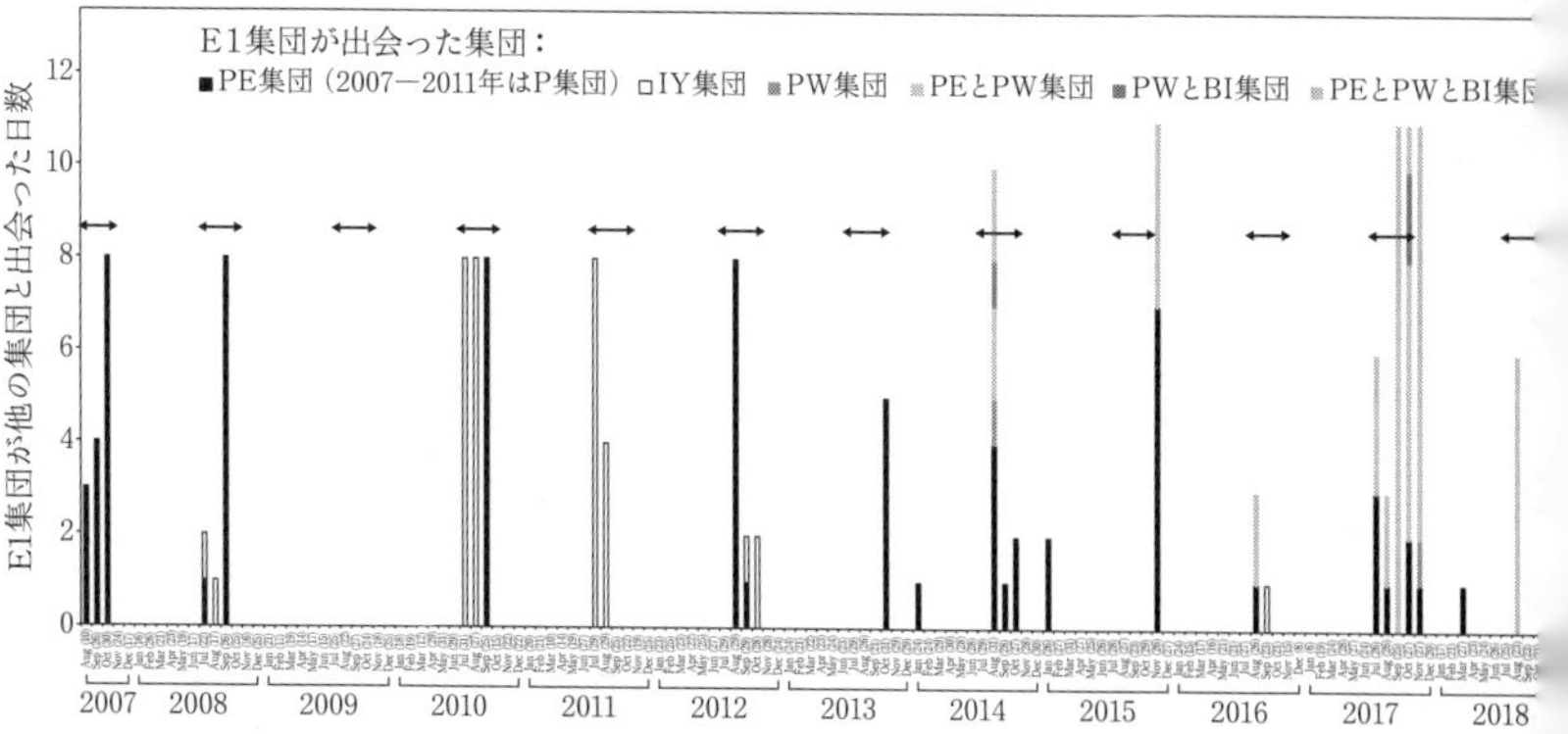

図6　隣接集団との出会いの頻度（E1集団）

E1集団が隣接集団と出会った日数を月ごとに示す。2007年8月から2018年12月までの記録。E1集団は1年の内の限られた季節、8、9月を中心とする期間（⟷）に集団間の出会いが集中して見られる。久しぶりに他集団と会うと1週間ほどつかず離れずの遊動をすることが多い。東のコフォラ川を越えるとIY集団と出会い、西のロクリ川を越えるとPE、PW、BI集団らと出会う。

後に、P集団と出会う機会がなくなっていたからである。一方で、E1集団のボノボが東のはるか遠く、コフォラ川を越えたイヨンジ村の森まで遠征するという、これまでにない事態が起こっていた。かつてのB集団の遊動域をまたぎ、その東のK集団が遊動していただろう遠方の森になる。そして、E1集団がコフォラ川を渡りイヨンジの森へ踏み込んだとき、そこでなんと、人に慣れていない見知らぬボノボと出会ったのである。二〇〇八年のことだ。E1集団がこんな遠方に来ること自体がはじめてだったし、そんなところで他のボノボと出くわすとは考えてもいなかった。でもまあ、よくよく考えてみれば、いつもの遊動域から遠く離れれば離れるほど、他の隣接集団に近づくというのは、当然の理ではある。

図6は、E1集団が他の集団と出会った日数を、月ごとに示したものである。二〇〇七年八月から

二〇一八年一二月までの観察をまとめてある。E1集団が隣接集団と出会うのは、西はロクリ川を渡ったとき、東はコフォラ川を渡ったときである。と言っても、ボノボが川を遊動域の境界にしたり、目印にしているわけではない。このロクリ川とコフォラ川のあいだの広々とした森は、E1集団だけが遊動する場所になっていた。二〇〇八年ごろ、私はすでに集団間の出会いの起こる時期が限られることを予想していた。だいたい七月から一〇月のどこかである。

この時期にE1集団がP集団と出会うと、それは何ヶ月もの出会いの空白の後のことになるわけだが、そのときはたいてい、つかず離れずの遊動を一週間くらいつづけるのである。もう少し正確に言い直すと、少しくっついては離れ、遠く離れたと思ったら他方が後を追ってきていたりする、そういう感じだ。そして、驚くべきことに、一週間ほど過ごしたP集団と離れロクリ川の東に戻ると、その後、数日のうちに、今度ははるか東のイヨンジの森まで遠征し、その向こうで別の集団と出会うことがあった。ロクリ川とコフォラ川のあいだの距離は一〇キロくらいになる。

この時期のE1集団の遊動域は、とんでもない広さになる。その理由となりそうな背景は、いくつか考えられる。E1集団のメンバーには、かつてのB集団の生き残りが、場合によるとK集団の生き残りもが加入したことはほぼ確実で、東の方の森をよく知るその個体たちが、E1集団全体の遊動に影響を与えたかもしれない。他の理由の一つは食べ物で、集団間の出会いがよく起こるのは、ランドルフィア属の熟れた果実を探してのことではないかと踏んでいる。2章で紹介したバトフェやボキラの果実は、ワンバの森からコフォラ川の東のイヨンジの森まで広く分布しているが、完全においしく熟れる時期は、どうも方々でばらつきがある。完熟果実が多く見つかる最盛期が過ぎてくると、熟れた果実がどこか他にないかと、遊動域の周縁へ、あるいは周縁の先まで（つまり、これまでに行ったことのない地域まで）探しに行くのだろう。そのことが、集団間の出会いを引き起こす背景にあるに違いない。

もしかしたら、かつてのK集団は消滅したわけでなく、おもな遊動域がかつてより東に移っただけで、E1集団がコフォラ川の東で出会う集団が、そのK集団であるという可能性がないわけではない。しかし、過去の識別個体やDNA試料があるわけでなく、その可能性が将来的に確かめられることはまずない。個体のレベルで集団の同一性を保証できない限りは、別の名前をつけた方が無難だろうと考え、イヨンジ群、その頭文字をとり、IY集団と呼ぶことにした。

P集団の人づけ達成

P集団の人づけは、ワンバの経験豊かなトラッカーのおかげで順調に進んだ。集中調査をはじめた二〇一〇年の内に、ベッドからベッドまで追えるようになり、その翌年にかけて、人に慣れた個体が徐々に増えていった。こんな短期間に人づけが進んだのは、戦前の一九九〇年代まで調査されたときの個体が残っていたおかげがあろうし、ここ数年中も、ときどきとはいえ、かれらをターゲットに追跡していたことが功を奏したかもしれない。ワンバでは、経験あるトラッカーが若い世代のトラッカーを指導することで、専門的な特殊技術が引き継がれる。このことも大きい。次の章で他の地域の人づけを紹介するが、トラッカーを一から育てるのはたいへんで、かなりの時間を要するものだ。2章の後半で述べたように、ワンバのボノボは小さいパーティに散ってしまうことが少ない。このことも効率よい人づけに寄与している。

さて、二〇一〇年の後半のことになるが、これまでP集団と呼んでいたボノボたちが、どうもきまって西と東の二つに分かれるサブグルーピングをしていることがはっきりしてきた。そこで、東のグループ、西のグループと呼びながら、ワンバの集落に近い東のグループの方を追跡するようにした。この東のグループは、二〇一一年八月までに、すべての個体が識別された。なかなかシャイで観察者に姿を見せなかった最後の個体が、そのころに慣れてくれたのである。

当初はトラッカーに、半年で全個体を識別するぞと発破をかけたが、それから遅れること半年、集中調査の開始からちょうど一年での人づけと個体識別の達成である。これはまったく悪くない結果だった。二〇一一年には、京都大学霊長類研究所で古市さんが指導する大学院生をはじめ、ワンバで調査する研究者が増える予定だったので、なんとか間に合ったことをワンバのトラッカーたちと喜んだ。

ワンバ基地のトラッカーの人数は増え、調査に従事する研究者の数も多くなり、結果として外部からワンバに届く資金の総額は増加した。また、次章以降で詳しく述べるが、イヨンジをはじめとする周辺のコンサーベーションNGOの活動も盛んになっていた。そのころ村では、バイクやソーラーパネル、大音量で音楽を流すコンポの類が目立って増えた。一つの時代の変化だった。

さて、識別された個体が増えてみると、このP集団が東と西に分かれてつくるサブグループは、決まって同じメンバーであることが明らかになった。一つの集団のメンバーが離合集散する場合は、一時的なパーティを構成するメンバーというのは、さまざまな組み合わせに分かれうる。2章でみたように、一度分かれたパーティが安定したメンバーのまま遊動をつづけることはあるが、次に他と合流すれば、再びまったく同じメンバーに分かれるということは、まずない。たいていメンバーの入れ替わりが起こる。チンパンジーでもボノボでも、集団内で起こる離合集散とはそういうものだ。もちろん、集団内でのグルーピングに、ある程度のパターンはあって、一緒にいることが多い個体は、仲のよい間柄と解釈したりする。しかし、東と西に分かれるP集団のボノボは、これがいつも必ず決まったメンバーに分かれていた。つまり、それぞれが個々に独立した集団だったのである。東と西のそれぞれを、PE集団、PW集団と呼ぶことにした。

集団の輪郭を見きわめる

ここでボノボの集団というものを、あらためて整理しておこう。それは、社会的な単位となる集団のことであり、仮説的には、この集団が繁殖の単位になり、それは出産、育児、成長の場であり、集団間移籍というイベントの単位ともなる。チンパンジー研究の用語では、これを「単位集団（unit group）」と呼ぶ。定義するとすれば、チンパンジーとボノボの社会では、複数の成熟オスと成熟メス、その子供たちが、だいたい一定の地域を遊動域として共有する社会ユニットを作る。この社会ユニットのことを、「単位集団」と呼ぶ。いつもばらばらに遊動しているように見えた野生チンパンジーの社会に、はじめて輪郭ある集団のあることを個体識別に基づいて確かめた西田利貞によって、そう呼ばれたのだが、[17]それより後に同じ事実を認めたジェーン・グドールは、それ以前から使っていた地域的な集まりである「コミュニティ」を単位集団と同じ意味で使うようになった。[18]各国の若い世代の霊長類学者、とくにチンパンジーとボノボの研究者と接していると、今はコミュニティという呼び方に踏襲された感がある。私は、コミュニティと聞くと、今も地域的な集まりというイメージを持ってしまうので、メンバーシップという点で輪郭が捉えられる単位集団と同義語として使うのには、若干の抵抗を覚える。

私がはじめてボノボの洗礼を受けたとき、二つの集団が出会って混ざり合ってしまうのでは、一つの集団のメンバーが出会っては分かれるのと区別できないではないか、と思ったわけだが、その後ボノボの集団間関係の調査をつづけてみると、どんなに他の集団と出会い混ざり合ったとしても、後で分かれるときには、いつもちゃんと、元のメンバーに戻っていたのである。

PE集団とPW集団のメスたちの中には、出会ったときに、まるで同じ集団のメスどうしかのように、一緒にくつろいで採食し、休息する個体がいる。私が以前に観察した集団間の出会いでは、ボノボたちは平和裏に出会うとはいっても、別集団の個体はそうそうよくは知らないので、やっぱり出会うと緊張する、くらいのところと思っていた。しかし、こうしてあらためて集団間のつき合いが観察できてみると、別集団の個体とはいっても、すでによく知り合っていて、打ち解けてつき合う仲である、と言い直した方がよい。ボノボの「別集団」の感覚が、だいぶ違って見えてきたように思う。

集団のメンバーとして不安定なのは、集団間を移籍する思春期を迎えた若いメスである。そのような若いメスを除いたところのメンバーシップの安定性こそが、ボノボの単位集団の輪郭を見きわめる、唯一と言ってよい基準となる。また、おもしろいことに、二つの集団が日中何度か出会いを繰り返しても、夜に眠るベッドを作るときは、二つの集団のあいだで、たいてい五〇メートルから一〇〇メートル、あるいはそれ以上の距離を取る。他集団の個体と見える範囲に隣り合わせて寝るのを見たことはあるが、とてもまれなことだ。ベッドサイトでは、集団を異にするメンバーのあいだで、日中の遊動のときとは違う感覚が働くようだ。

PE集団とPW集団の違いがはっきりしてからしばらくして、伊谷原一さんが過去に撮影したかつてのP集団のボノボの写真を、二〇一一年からPE集団を調査している徳山奈帆子さんと照らし合わせてみたところ、少なくともPE集団のメス二個体は、過去のP集団にいた個体であることがわかった。[19][20]つまり、今のPE集団、少なくともその一部は、かつてのP集団だったことになる。

気になるのが、PW集団である。というのも、個体数が少ない小さな集団であるため、もしかしたら、かつてのP集団がPEとPWの二つの集団に分かれたのではないか、とも考えてみた。しかし、それを支持する証拠はない。PE集団の月ごとの集団間出会い日数を示した図7を見るとわかるように、なにしろPE集団とPW集団の出会いは頻繁だ。月の半分以上の日数で出会うこともあ

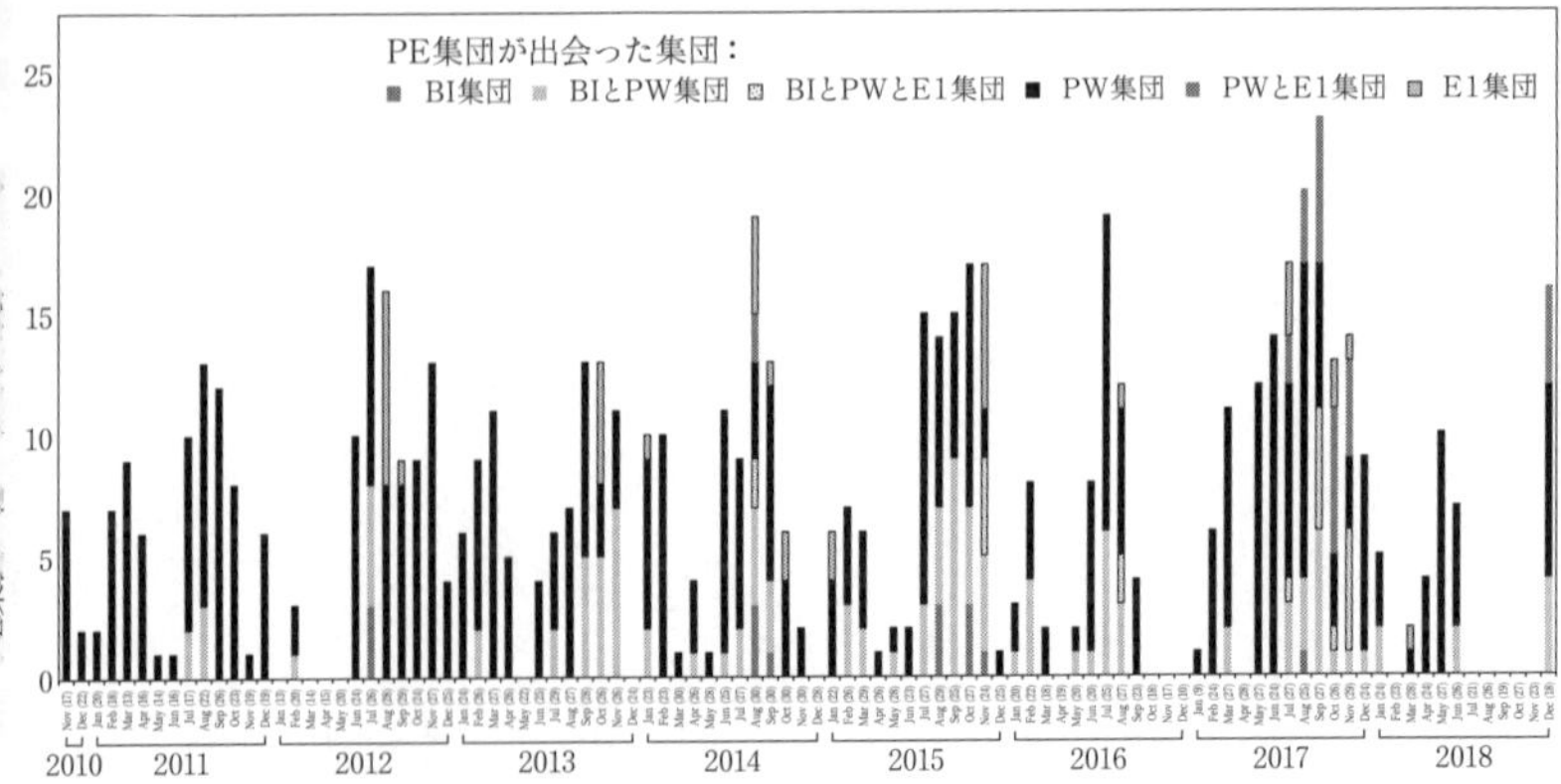

図7　隣接集団との出会いの頻度（PE集団）

PE集団が隣接集団と出会った日数を月ごとに示す。2010年11月から2018年12月までの記録。1年の中でも果実が多く実る季節に集団間の出会いが頻繁に起きる。PE集団は平均すると月に7日程度、隣接集団と出会い（2010〜15年の分析）、隣接集団と出会う日数が月に20日を超えることもある。

る。両集団のメスどうしでは、共同して共通のオスを追い払う行動も観察されている。[21] このような集団をまたいだ協力行動が、どの集団間でも見られるかどうかは、まだ明らかでない。PE集団とPW集団のあいだには、何か特別な関係があるのかもしれない。二〇一五年にワンバで調査をはじめた石塚真太郎さんは、ボノボの糞などを集めて個体ごとのDNAを調べているが、どうもPE集団とPW集団のあいだは、他の集団ペアより遺伝的に近いところがあるようだ。[22] いずれサンプル数を増やし、さらに分析技術が進展すれば、過去にあった集団間関係の変遷について、もっと確かなことがわかるようになるのかもしれない。

さらなる隣接集団の人づけへ

二〇一一年の夏には、E1とPEの二集団を対象に詳しい行動観察ができるようになり、ワンバでは、より多くの研究者を迎え入れるようになった。新人研究者がワンバで調査するようになり、識別されたボノボ個体を話題に盛り上がり、基地運営の苦労を共有する人のできたことが、私にはうれしかった。それでも、長期で調査に入る若手研究者以外は、その調査時期が七月から九月にかたよった。心苦しいことではあったが、長期の現地滞在が可能なポジションをつづける私は、ワンバ基地の運営のことを考え、多くの研究者で混み合う時期を避け、また基地に研究者がいなくなる時期を埋めるようにワンバに入る時期を調整した。なぜ心苦しいかといえば、私がワンバに入るのを避けた研究者の混み合う時期こそ、ボノボの集団間の出会いがよく起こるからだった。

PE集団の調査が軌道に乗って以降は、私は三つ目の集団であるPW集団の人づけと調査を進め、二〇一二年までには全個体が識別された。そのころには、PW集団よりさらに西にいるボノボ集団の調査も進めていて、その調査の際は、村の調査基地から通うには遠すぎるため、ヤンゴゼネさんの仕事を引き継いだころと同じように、ワンバの集落から七キロほど西に流れるビインボ川にキャンプしてボノボを追った。かつての掘っ立て小屋は形を残しておらず、日本で購入したテントを使うようにした。掘っ立て小屋は建て直さなかったので、調査助手にもテントを使ってもらい、そのため調査の雰囲気は変わったが、虫に刺されることは圧倒的に減り、夜は快適になった。このビインボ川の方を遊動しているボノボ集団は、さすがにPE集団と同じように集中調査をするゆとりはなく、せいぜい月に一週間ほど追いかけ回すだけだったが、それでも、やがて多くのオトナ個体を識別するに至り、二〇一五年までには集団の輪郭をほぼ確実にすることができた。このボノボ集団は、ビインボ川の頭文字を取り、BI集団と呼ぶことにした。

ボノボの単位集団の輪郭を知るには、識別個体を増やすことで、集団内の離合集散と集団間が出会ったときの混ざり合いを区別していく必要がある。研究者が混み合わない私の調査した時期は、たいてい集団内の離散がよく起こっていて、一週間追いつづけた個体をすべて識別しても、それだけでは集団の輪郭を知る根拠にならなかった。一〇個体を超える個体を一度に観察することもあったが、そのようなときには、人から逃げるボノボがいた。慣れ具合の違いは、集団の所属を知る参考にはなるが、確たる証拠にはならない。慣れていないボノボも、二〇メートルを超えるような樹上で採食するときは、わりと観察ができる。しかし、いくら双眼鏡を駆使しても、そのような距離では、特徴の乏しい個体を識別するのは難しい。やはり観察条件のよい、大きなパーティをつくる時期、それは同時に、集団間の出会いがよく起こる時期にもなるのだが、そのような時期の方が調査の効率は上がる。後でも述べるが、紆余曲折を経たも

2011年当時の
ビインボのキャンプ

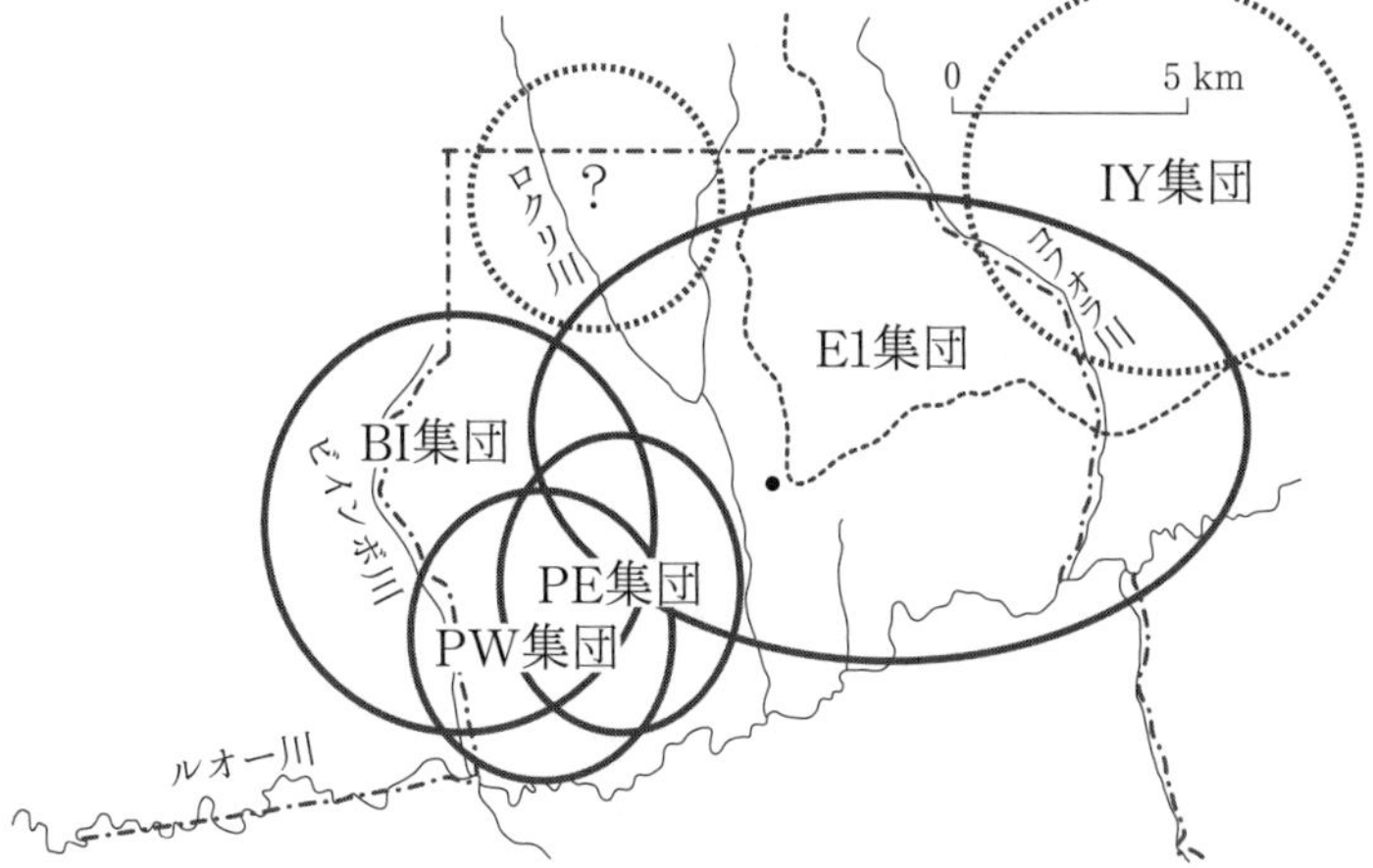

図8　戦後のボノボ集団

2000年代に調査が再開されて以降、ワンバで確認されたボノボ集団の大まかな遊動域。「?」とある集団は、ボノボのベッドが確認されたことがあるのだが、集団の存在は未確認なもの。

ものの、ＢＩ集団の輪郭はだいたい押さえられたと思っている。しかし、全個体の識別までには至らなかった。

ワンバではなんといっても連日ベッドからベッドまで終日連続観察できることが魅力だったので、そのころの私の調査は、はじめの一週間はＥ１集団、次の週はＰＥ集団、三週目にはＰＷ集団かＢＩ集団を追跡する調査にあてる、というものだった。四週目はというと、次章で触れるが、イヨンジの森で過ごすというペースで調査をつづけた。このようにして、ワンバの四集団のボノボの個体識別を確かにしつつ、集団間の出会いを観察することに備えた。

対象とする森とボノボを広げていく調査を私は十分に楽しんでいたが、残念なことに、私がＥ１集団とＰＥ集団の出会いを観察する機会は、二〇〇八年九月を最後に絶たれていた。一方、八月、九月に短期でワンバに入る研究者からは、ボノボたちの融和的な集団間の出会いを観察したという喜びの声が届いた。人から逃げないボノボたちの集団間の出会いである。短期滞在ではボノボの個体識別は満足にできないが、撮影された写真やビデオは、研究発表の際などに見る機会があり、そんなときは複雑な思いがしたものだ。集団間の出会いに関する基礎的なデータは、私が不在のときも、優秀な調査助手のおかげで記録を取りつづけることができた（個体識別があいまいな研究者では、調査助手の助けなしに隣接集団との出会いがあったかどうかを知るのは難しい）。しかし、出会いの際の社会交渉のデータとなると、二集団、三集団の個体を識別している人は、私以外には調査助手の中に一人いただけだったため、貴重なデータ収集の機会を活かすことは、なかなかできなかった。

ついに集団の出会いを観察する

私がE1集団とPE集団の出会いを観察するチャンスは、ついに二〇一五年一月に訪れた。ワンバ村の元日というのは、とくに特別な行事があるわけではない。ごちそうでお祝いはするが、正月ならではの料理があるわけではない。フランス語の挨拶である「ボナネー」の声をかけ合い、教会へ足を運ぶ人があり、酒瓶を持って訪れる人がいる。私は日本を離れ出張中とはいえ、調査助手には森の仕事を休んでもらうのがふつうだ。

この年は、正月明けに森へボノボを探しに行ったが、E1集団をすぐに見つけることができなかった。見つけた足跡の一部が、一月三日か四日にロクリ川を西へ渡っていたのである。E１集団は大きく二つのパーティに分かれ、一方はロクリ川の東に残っていたが、私たちは西へ渡ったパーティを追うことにした。この時期にE１集団がロクリ川の西の森へ行くことは、少なくとも私の知る範囲ではめずらしいことだった。ロクリ川を渡っただけに、いつPE集団と出会ってもおかしくない。興奮はおさえられない。

そして一月六日の朝、ついにE１集団とPE集団が出会ったところを観察したのである。集団間の出会いは、たいてい二つの集団が大きなパーティで出会う。E１集団は分かれたパーティとはいえ、もともとの集団サイズが大きいこともあり、このときはPE集団とほぼ同じサイズのオス、メス、子供を含むパーティだった。離合集散する社会だからこそ、他と離れて一個体、二個体で遊動しているボノボが他の集団の個体と出会うことがあってよいのだが、実際には、そのようなことはめったにない。まずは他群の声が聞こえると、互いが大勢で叫び合う。毎日ボノボ集団を追いつづけていると、その声を聞いただけで、他の集団と鳴き交わしているのではないかと想像がつくようになる。ほぼすべての個体が大声で叫ぶし、その鳴き交わしが一〇分、二〇分とつづく。ただし、その後も出会いを繰り返す日がつづくと、それほど長くは叫びつづけず、あっさり離れてしまうこともある。

その日、激しく鳴き交わしながら駆けるように移動していくかれらについていくと、そこにはたくさんの黒いボノボたちが地面で顔をならべていた。私のよく知るボノボたちだ。近くで叫び声が

枝引きずりをするオス

上がる。キクが座っている。E1集団の重鎮のオトナメスだ。それに、ダイ、サラ、フクもいる。いずれもE1集団の個体だ。と思ったら、ターキー、PE集団のオトナオスがいる。誰かがディスプレイする。ボノボがよくするディスプレイで、一、二メートルの長さの枝を折り取り、ザザザザッと引きずり音を立てる。お、まだコドモのメスのフアが（彼女はE1集団のフクの一子目の子である）、PE集団のオトナオス、マルスの方へ駆けって行き、平手でマルスを叩いた。いいのか、そんなことをして。これも出会いの興奮のためか、コドモならではの無礼講か。そのとき、性皮を腫らして魅力を振りまくE1集団のサラが木に登った。積極的だ。そして、木の上で待ち構えるPE集団のターキーと交尾する。方々で合唱が上がりつづける。出会った喜びのおたけびのようだし、緊張した興奮の声でもある。周りを見渡せば、たくさんのボノボがいて、その一個体一個体が私のよく知るボノボたちだ。すごい、いつも別々に見てきた二つの集団のボノボが、なんとここで一堂に会している。

結局この日は、朝の七時半ごろからの大合唱で二集団は出会い、ここに記したような出来事の後、八時過ぎには倒木のギャップに移り、二つの集団が毛づくろいに興じた。Ｅ１集団のオトナメス、キクがＰＥ集団のオスに追い払われる場面が観察されたが、それはＥ１集団の中ではなかなか起こらないことだった。その後、キクは、ＰＥ集団の体の大きなオトナメス、マルタと毛づくろいしていた。集団対集団という、集団をあげての大きなケンカというのはないが、異なる集団の個体どうしの小競り合いはちょこちょこ起こる。コドモがオトナオスを叩いたりするのは遊びの延長のようだが、とくに若い個体たちは活発で、別集団のオトナたちに物おじしない。Ｅ１集団に移入して間もないメスのジナが、ＰＥ集団の高齢メスのボクタや、立派に子供を育てる中年のパオなんかにケンカを仕掛けていた。若いメスが中年や高齢のメスに対してと思うと、これも集団内ではそう起こることではない。ジナにとっては、遊びの誘いだったかもしれない。大人の遊びと、子供の遊びの間で、若者の遊びというのは、その遊び方というか、遊びの激しさのために、遊びと判断する基準があいまいになる。遊びがエスカレートしてケンカに至っているのか、激しく突撃し合っているのが遊びなのか、本人らに、そのような区別を気にしているふうはなさそうだ。ＰＥ集団の若いオスのイクラは、下に乳離れするくらいの妹がいる年齢だが、Ｅ１集団のオトナオス、ダイにディスプレイし、突進する攻撃を見せていた。イクラはディスプレイしたがる血気盛んな年ごろだ。

その日は夕方の三時半ごろまで一部の個体が混ざり合いながら、ときどき騒ぎを起こしつつ、ゆっくりと過ごし、その後、二つの集団は分かれていった。

記録を見直してみると、この日のE1集団とPE集団の出会いは、その前年の一〇月六日以来のことだったので、九一日ぶりの出会いだったことになる。例年、一月という季節は、集団間の出会いはそうそう起こらない。このときのE1集団のパーティは、その後もロクリ川の西の森にいつづけたので、いつ再びPE集団と出会っても不思議でなく、私は連日ベッドからベッドまで追ってみた。すると、次に出会ったのは四日後の一一日だった。その日を最後に、再度の出会いからは遠ざかっていった。集団間の出会いがあまり起こらない時期というのは、このように出会ったとしても、つかず離れずの遊動はなかなかつづかないのである。

あらためて二集団が近づいた一月一一日に私はE1集団を追跡していたのだが、九時半ごろにPE集団の声が聞こえると、一気に声の方へと駆け出した。普段の私はトラッカーの後をついていくのだが、このときばかりは、トラッカーを追い越して、駆け出したボノボの先頭を追った。集団の全員が他集団との出会いに積極的なわけでなく、たいてい一部の個体が先走る。その先走った個体が出会う場面を見たかったのだ。

先走る個体についていった先で、私はPE集団のトラッカーと出くわした。E1集団のお尻を腫らしたサラと、ワカモノメスのジナが、はじめにPE集団に入り込んで、たてつづけに交尾をしたところを、PE集団のトラッカーが目撃していた。サラはつづいて、PE集団の高齢メス、ボクタとホカホカをし、つづけてPE集団のオトナメス、イッチともホカホカを交わした。

さて、このとき魅力を振りまいていたサラだが、PE集団と出会う前は、E1集団で一番大きく強いオスのノビタが、ここ数日サラをつけ回し、たいそうご執心だった。それが、ＰＥ集団に出会うと、サラとジナが先頭を切ってＰＥ集団へと駆け入り、その後を追ったノビタは、他にオスのダイとメスのナオがついてきていたのだが、威嚇的なディスプレイを見せたものの、ＰＥ集団のオトナオスのスネアが、ＰＥ集団で一番の強さをアピールしていたオスだが、そのスネアの力強いディスプレイに追い払われてしまった。そして、サラとジナは、たてつづけにＰＥ集団のオトナオスたち、スネア、マルス、ターキーと交尾したのである。その後、Ｅ１集団のノビタたちは、一〇から二〇メートル離れた木の上で、サラが混ざり込むＰＥ集団のいる方を眺めていたのが印象的だった。

このとき、Ｅ１集団には、性皮を腫らしたメスが何個体かいて活発な姿が見られたが、ＰＥ集団の方には、性皮を腫らしたメスは一個体もいなかった。

四つの集団の出会い

ボノボの集団間関係の調査をつづける中で、私を驚かせた最たることといえば、なんと最大で四つの集団が一堂に会することを知ったことである。かつてタンザニアで調査したチンパンジーでは、一つの集団を追跡調査している限り、隣接集団の存在を知る機会はまれで、そのほとんどは、遊動域の周縁で他集団の声を聞くことだった。ワンバのボノボにしても、なかなか足を運ばない遊動域の周縁へいくのを追跡するときは自然と気持ちはたかぶるもので、それは隣接集団の遊動域に入ってきたかもしれないと思うからだ。そんなとき私は、西の縁には西の集団がいて、北の縁には北の集団がいる、そのような想定をしていた。だから、私の中で集団の出会いというのは、いつも二つの集団が出会うことと思い込んでいた。現にチンパンジーでは、私は二集団の間の出会い、あるいは避け合いしか知らない。しかし、これは誤った思い込みだった。実を言えば、ワンバでP集団の集中調査をはじめ、やがてPE集団とPW集団が明確に区別できたとき、ほのかな疑問を感じてはいたのである。

私は以前、二〇〇七年の八、九、一〇月、そして二〇〇八年の九月に、E1集団がP集団と出会った場面を観察している。当時は集中的な人づけをはじめる前で、まだPE集団とPW集団は区別されておらず、P集団と呼んでいた。そのころ、E1集団から離れていくP集団のボノボを追ってみたこともあったが、人に慣れていなかったため、たいていはどこまでも離れて行ってしまった。まだ追い方が下手だったし、夕方のベッドを作る時間が近づいてくると、慣れていないボノボは一層人から離れたがることを、当時の私はまだ知らなかった。そのような限られた観察下でも、E1集団の集まりの方に姿を見せた個体はいて、その中でもとくに風貌を覚えやすい個体は識別し、名前をつけた個体もあった。その当時に識別した個体は、後になってみると、PE集団とPW集団の両方にまたがっていたのである。そのようなこともあって、PE集団とPW集団は、もとは一つの集団だったのではないかという作業仮説を考えたこともあった。しかし、今に思えば、E1集団がロクリ川の西側の森にいるとき、以前からPE集団とPW集団の両方と同時に出会っていたと考えればよかったのである。つまり、そのころから、少なくとも三つの集団が一ヶ所で出会っていたことになる。

PE集団の調査をつづけるにつれて、PE集団とPW集団が頻繁に出会っていることは疑いようのない事実となった。PE集団がPW集団と出会ったときは、まだ見たことのない個体を見つけては、個体識別を進めていった。人づけとは、人を怖がらない慣れた個体が徐々に増えていく過程である。そんな見知らぬ個体のなかに、口の周りが大きく損傷したオスがいて、おそらく過去に他個体とのケンカで負ったケガと思うのだが、歯茎まで見えるように口が裂け、それは気味悪い顔をしていた。誰が見ても一目でわかるこの個体に、オロチと名前をつけたのが二〇一一年七月のことである。その後、ときにPW集団を、ときにそれより西の集団を探しては追跡する中で、オロチはPW集団ではなく、その西を遊動する集団の個体であることがはっきりしてきた。

オロチが属する西の集団は、わりと大きな集団だという感触は早いうちからあった。しかし、すぐには集団の輪郭はつかめなかった。個体数が多ければ、すべての個体を一ヶ所で見ることは難しいし、慣れた個体が増えていく過程にも、より時間がかかるのかもしれない。慣れていない個体の観察は距離が離れているため、個体識別は困難を極める。オロチの他に、もう一頭、独特な顔をして、しかも足の指がボロボロに切れているオトナオスがいて、そのオスをゴリと命名したのが、二〇一二年七月になる。そのころ、PW集団の西側には、二つの集団があるかもしれないとも考えていた。つまり、北寄りでよく見るゴリたちの集団と、南寄りでよく見るオロチたちの集団だ。限られた観察しかない中で、まずはさまざまな可能性を整理し、その中の一つの可能性を念頭に置きな

BI集団のオトナオス、オロチ

唇が大きく削れた損傷で口は閉まらない。睾丸は一つしかない。体は小さめでワカモノくらいの体サイズだ。若いころにケガを負ったため成長が悪かったのではないかと想像する。

がら、それを確かめるべく次の調査をアレンジしていった。

先述のように、私が調査に入った時期は、森の果実が減っていて、どんな集団でもばらけることがあったので、ＢＩ集団のような大きな集団は、二つ、三つのまとまったパーティに分かれていて不思議でなかった。他方、大きなパーティを作る時期は、集団間の出会いが起こることも多く、それはそれで、一つの集団メンバーが集まったのか、二つ以上の集団が合流しているのかを見きわめなければいけない。これがボノボの社会集団の見え方なのである。

ゴリもオロチも一つの集団だという確信に至ったのは、二〇一五年のことになる。次項で述べるように、私はその年、ボノボが集まりやすい時期に調査する機会を得たのである。そのときにはじめて、私はこのオロチとゴリを含むボノボたちが、一時的な集合と離散を繰り返す中で、メンバーを入れ替える様子を観察することができた。そして私はこの集まりの全体を、ＢＩ集団と呼ぶことにした。

ＢＩ集団の輪郭と存在が見きわめられる前から、オロチやゴリをはじめとして、ＰＥ集団でもＰＷ集団でもない個体が識別されていたので、二集団を超えた、三集団の出会いの起きていることはわかっていた。やがて徐々にＰＷ集団だけでなく、ＢＩ集団の中にも人に慣れた個体が増えてきたおかげで、トラッカーだけで追跡するときにも、三集団の出会いの起きていることが確認できるようになった。

そうしてみると、Ｅ１集団がロクリ川の西にさえ来れば、いつ四つの集団が出会ってもおかしくない、そんな期待に胸を膨らますようになった。四つの集団の出会いである。はじめは、まさかとしか思えないことだったが、三集団のつかず離れずの遊動が繰り返し観察されるようになるにつれて、まさかと思えたことが現実味を帯びてきたのである。

そして、二〇一四年八月、ついに四つの集団の出会いが確認されたのである。私は調査に入っていないときだったが、予想していた通り、それはE1集団がロクリ川の西に渡ってきたときのことだった。

ボノボたちの祝宴

二〇一五年は、七月末にワンバ入りした。その前年まで、夏休みに訪れる他の研究者と入れ替わるため、七月中にはワンバを出ることがつづいていたから、この時期のワンバ入りは久しぶりのことだった。ボノボが大きいパーティを作り、集団間の出会いがよく起こる時期である。

コンゴでは独立記念日にあたる六月末に学校は年度が終わり、九月の新学期まで夏休みとなる。そして、この時期は、村人がビンジョーと総称する食用のイモムシが豊富に採れる季節でもある。村の集落は閑散とし、多くの女子供は森にある小屋、ガンダに住み込み、ビンジョー集めに精を出す。こういった時期に、ワンバの子供は自分たちの森に親しみ、森の獣や利用できる植物なんかに詳しくなっていくのだろう。乾燥させると保存がきくビンジョーは、見た目に戸惑う日本人は多いが、水に戻して調理すると、うま味があっておいしい。貴重なたんぱく源だ。街まで運べば売れるので、現金収入にもつながる。このビンジョーの季節は、ボノボを追跡する森の中でよく村人と出会う。そうすると、女子供はたいていボノボのことを怖がりながらも、驚きの声をあげながら、興味津々とボノボを観察するのである。

二〇一五年は森の中が村人でにぎわうビンジョーの季節のこと、ワンバ基地のボノボ研究者は七月末から私一人だったのだが、PE集団は八月中すでに、PW集団と九日、BI集団と三日、出会っていた。そして、八月二八日から九月五日までは九日つづけてBI集団と出会い、八月三〇日からはPW集団とも出会っていて、つまり七日間は三集団が出会いを繰り返していた。こういうとき、夜のベッドサイトは集団ごとに距離をとり、声が聞こえることもあれば聞こえないこともある。そして日中は、だいたいつかず離れずの遊動をつづけ、集団と集団のあいだに距離を取りながら、しばしば一部の個体が他集団のパーティに混ざり込む。ときには地面を移動していくとき、二集団の個体が一緒に混ざって歩くこともある。もし個体識別していない人がそのような場面をみたら、二集団のボノボが混ざっているとは思いもよらないことだろう。

食用イモムシの中でも大型のバンゴンジュ。干して乾かすと保存がきき、水でもどして調理する。うま味があり美味。

私は九月一日からビインボ川のキャンプに泊まり込み、BI集団を追跡した。そうすると、森の中で

PE集団と出会えば、PE集団を追跡するトラッカーとも出会うことになり、私たちも森の中で挨拶を交わし、村の情報を得たりする。ビインボ川沿いにぽつぽつとあるガンダには、たいてい人がいたので、数キロメートル離れたご近所さんを回れば、何かしら食べ物を手に入れることもできた。トラッカーの身内のガンダを通ったときは、蒸留したばかりのまだ温かい焼酎を分けてもらったりもした。

九月一日は、朝の六時半前からボノボの大合唱がつづき、BI集団にPE集団とPW集団の個体が合流してきた。それぞれの集団が、夜に眠ったベッドサイトからすぐに移動してきたようだった。バトフェの季節である。大きな集団どうしが出会うときは、大合唱のつづくのがおきまりだ。ディスプレイする個体がいて、叫び声が上がる。あちこちで交尾が起こる。PE集団の高齢オス、ガイがBI集団のオロチを攻撃した後、その二個体が一緒に毛づくろいをしていた。周りでは、他にもディスプレイがあり、叫び声が上がっている。他にも樹上で毛づくろいするボノボがいる。

集団間の出会いで、オスどうしの毛づくろいはあまり多くない。小競り合いは、集団が異なるオスのあいだでよく起こる。オスどうしは、はじめの騒ぎが落ち着けば、互いに距離をとりがちだ。一方、メスどうしは、落ち着いた後には毛づくろいをよくするし、触れ合うくらいにくっついて過ごすことも多い。でも、メスなら誰でもというのではなく、集団間のつき合いに積極的なメスと、そうでないメスがいる。そして、未成熟な子供はといえば、集団の境を越えて、なにしろよく遊ぶ。集団間の出会いの喜びの興奮は、コドモたちがよく体現している。何をそこまでと言いたくなるくらい、本当に楽しそうにコドモたちは盛んに遊びつづける（225ページ写真）。

その日、ボノボたちは九時前には地面に降りて、少しずつ移動しはじめた。私たちはBI集団のボノボを追った。PE集団のトラッカーは、少し離れて歩いているようだ。だいぶ移動がつづき、一〇時を過ぎたころ、南側に広がる湿地林が近づいてきた。その先の方で、人が太鼓をたたく音がする。ある村人のガンダからだ。女性一人と、子供が四人はいる。子供の一人が水汲みに使うポリタンクを太鼓がわりに叩いている。ボノボたちが興奮し大声を上げているのは、村人がいることに緊張しているためもあろう。太鼓の音は、ボノボの緊張と興奮に拍車をかけているようだ。

東寄りにはPW集団が並行して移動している。ガンダを越えると湿地林に入るのだが、ボノボたちは、ガンダが近づくと木に登って樹上を移動していく。村人がいるので、地面の移動を避けたのだろう。森の中のギャップとなっているガンダからは、周囲の樹上一〇メートル前後の高さを移動していくボノボたちが丸見えだ。ガンダの西側の樹上をBI集団のボノボが、そして東側の樹上をPW集団のボノボが移動していく。PE集団のボノボは、遅れて来るようで、PE集団のトラッカーはまだ来ていない。ガンダの子供たちも大興奮で、ポリタンクを小刻みに叩く音が響く中、カンカンカンと金属を叩く音がまざり、そして子供たちはボノボの声をまねておたけびを上げる。そんな具合に、二〇分くらいかけて、大勢のボノボたちが湿地林へと入っていった。

その日、湿地林の中では、三集団のボノボをほぼ全個体、確認することができた。午後の三時過ぎには湿地林を出て、北の方の大きな森へと戻っていった。午後の四時前に、私たちの追うBI集団は、ＰＥ集団、ＰＷ集団から離れていった。午後五時半ごろに、ＢＩ集団のボノボたちは、その晩のベッドを樹上に作り、私たちは調査を終えた。ＰＥ集団とＰＷ集団は離れたようで、声は聞こえなかった。帰路はビインボ川で体を流し、日が暮れて暗い中、テントを張ったキャンプにたどり着いた。

その翌日もまた、未明のベッドサイトから追跡をはじめ、朝の早いうちから三集団は出会い、森のキャンプから来た私たちは、村から来たＰＥ集団のトラッカーと出会い、挨拶を交わすのだった。

5 集団を超えたつながりはあるか

ボノボの集団間関係から見えてきたこと

本章の最後に、これまでにわかってきたボノボの集団間関係から、集団間のつながりを基盤とする単位集団を超えた上位構造がボノボ社会にありうるかという問題を考えてみたい。個体の集合としてある社会が入れ子状の重層構造を成す例は、いくつかの霊長類種や他の哺乳類にも見られるが、複数集団が集合するということ以上の集団間のつながりは、ヒト以外の社会ではいずれも限定的だ

（コラム3参照）。そのため、ヒト社会に準ずるような集団間のつながりが、ボノボ社会に何かしら見つからないものかと期待したくなるのである。

複数集団がときどき集まり、つかず離れずの遊動を繰り返すことは、何か複数集団からなる地域共同体ともいえるものの萌芽を予感させる。また、異なる集団のメスどうしが共通のオスへ共同攻撃する観察や、[23]集団の異なる子供たちが盛んに遊ぶ様子は、集団間のつながりを考えるのに示唆的だ。しかし、たまたま近づいた集団どうしでも、それくらいのことは起こるのではと言われると、そんな気もする。たとえば、他集団とのあいだで子供たちが遊ぶというのであれば、ベルベットモンキーやテナガザルでも見られる。[24][25]複数集団が烏合の衆の如く集うだけでなく、何かもっと、複数集団が集うことの機能や、集団間の積極的な結びつきを見いだすことはできないだろうか。

ここで、ワンバのボノボの集団間関係について、その調査初期からの変遷を振り返りつつ、ボノボの個体レベルの視点にも立ち帰りながら、将来に向けた課題を洗い出してみよう。

ワンバでボノボ調査がはじまった一九七〇年代に戻ってみると、村人に狩られる心配のないワンバ村のボノボは、ときにサトウキビなどの食べ物を求めて畑に出てくる集団があり、E集団と名づけられた。[26]ワンバでボノボの餌づけがはじまるのは、もう少し後のことである。このE集団のボノボは、これまでに出版された記録を参照する限り、調査のはじまった早い段階からサブグルーピングをしていたようだ。[27][28]サブグループとは、ボノボの調査初期に使われた用語で、明確に定義されているわけではないが、集団内で比較的自由に離合集散する一時的な集まりをパーティと呼ぶ一方で、このパーティより相対的にメンバーシップが安定した集まりを指す言葉として使われた[29]。先に紹介したカメカケやクマヤスというのが、E集団で知られた典型的なサブグループである。

一九八〇年代に入ると、この二つのサブグループはほとんど出会わなくなり、一九八三年以降は、それぞれE1とE2の二つの独立した単位集団として記載されるようになる[30]。一九八〇年代に集団間の頻繁な出会いを観察した伊谷原一は、それはおもにE1集団とP集団の出会いだったのだけれど、かつてサブグループとされたE1とE2は、元から二つの独立した集団だったのではないかという可能性に言及している[31]。限られた過去の記録から新たな結論を導くことはできないが、二〇一〇年からPE集団とPW集団の頻繁な出会いを見てきた私には、その可能性は十分あるように思える。少なくともここでわかっている事実は、かつて頻繁な交流があったE1とE2のメンバーたちは、一九八〇年代の前半にほとんど交流しなくなり、一九八〇年代半ば以降、E1集団のメンバーはP集団のメンバーと頻繁に出会うようになったということである[32][33]。

私が二〇〇七年に調査をはじめたころ、E1集団は遊動域を東へ広げつつあり、P集団と出会うことは減っていた。その後、P集団の人づけをはじめてみると、はじめはPE集団のメンバーからPW集団のメンバーが離れていくのを観察したが、やがて両者が頻繁な出会いを繰り返していることが見えてきた。PE集団のボノボが先に人に慣れ、PW集団のボノボは遅れて人に慣れたのである。さらに西に位置するBI集団の調査をつづけ、やがてその全貌がつかめてくると、その間にゆっくりと人づけは進んだのだが、そうこうするうちに、BI集団の遊動域がだいぶ東よりのPW集団やPE集団の方にまで至ることが観察されるようになった。とくに二〇一七年には、BI集団との出会いがそれまでになく頻繁に観察された（144ページ図7を参照）。

その年にボノボ集団を引きつける特別な要因があったのかもしれない。たとえば利用可能な食べ物がある場所にかたよって分布するということが、その年の遊動を例年と違うものにする可能性はある（そのころ私はワンバの調査から離れていたので詳しいことはわからない）。その一方で、こうして新たな集団の人づけを繰り返してくると、人づけをはじめ、やがて人づけが進むというそのこと自体が、集団間関係を変化させたのではないかという可能性も考えてしまう。人づけを数年にわたり継続することが、その地域の集団ごとの位置取りを変えるということの引き金となりうるのかもしれない。

さて、野生ボノボ調査史上、一つの集団として最長の調査期間を誇るE1集団で、最長老のオスというと、一九七〇年代前半に生まれたことが明らかなテンとタワシである。母親はそれぞれセンとカメといい、かつてのE1集団の重鎮メスで、過去の論文にもしばしば名前が出てくる。このテンとタワシは、幼少のころ、E2集団との頻繁な逢瀬を経験し、ワカモノ期のころは、E2集団との逢瀬がなくなる一方、P集団のボノボと頻繁な交流を経験してきた。その後、オトナとして壮年期にあった一九九〇年代は調査の中断が相次いだが、二〇〇〇年代前半に調査が再開されてからは、E1集団は遊動域を少しずつ東へ広げていき、P集団と出会う機会は減っていった。かつてのB集団の残党と思しき個体がE1集団に融合したのは、そのころになる。私が調査をはじめた二〇〇七年以降で見ると、E1集団が隣接集団と出会うのは、一年の内の限られた時期だけで、そのときは数日から一週間ほど、つかず離れずの遊動が見られたが、その他の多くのときは、他集団と交流することなく過ごしてきた。

このように、二〇年、三〇年という単位で概観してみると、E1集団は、交流を持つ隣接集団の相手と出会う頻度を大きく変化させてきたことがわかる。一つの集団に生きてきたテンとタワシのことを思うと、かれらが隣接集団のどこぞの個体と特別なつながりを持っているという可能性を想像するのは難しい。

一九八〇年代には、E1、E2、Pの三集団が、それぞれ遊動域の中心をシフトさせた。E2集団の遊動域が北寄りへ移ることで、E1集団との出会いがなくなった。一方、E1集団は遊動域の南寄りで、P集団と頻繁な出会いを繰り返すようになった。この変化が何に由来したかは明らかでない。しかし、当時ワンバの森の中に餌場が三ヶ所、設置されていたことが[34]、何かしら影響を及ぼしたとしても不思議ではない。森の果実が減少する時期、サトウキビが置かれる餌場は、その量にもよるが、ボノボにとって魅力的な食物パッチとなった可能性はある。

二〇〇〇年代に入ると、E1集団の遊動域が大きく東寄りへシフトした。このことには、東の森で起きた密猟が関与していよう。こうしてみると、ワンバで観察された二〇年、三〇年という期間に生じた集団間関係の大きな変化は、いずれも餌づけや密猟といった人為的攪乱が影響した結果のようにも思えてくる。人為的攪乱以外に、どのような要因が集団間関係の変化を生じさせるのか。人づけされた複数集団の継続調査が、この問いに答えを与えてくれることを期待したい。

Column 4

コンゴの森で出会うサルの仲間

コンゴの森でよく出会う動物といえば、まずは昼行性のサルたちだ。集団でいるので目立つし、樹上にいるから観察しやすい。ワンバでは、ウォルフグエノンとアカオザルによく出会う。ワンバの森は霊長類の狩猟が禁止されているが、残念ながら密猟は後を絶たない。私の知る10年あまりの間でも、サルと出会う機会は減ってきた。村から離れた森に入れば、独特な大きな声をあげるクロカンムリマンガベイによく出会う。以上の3種は、たいていいつも一緒にいて混群を作る。水辺の近くでは、黒と白の長い毛をなびかせたアンゴラコロブスとよく出会う。広大な湿地林の中では、アレンモンキーの痕跡を見る。直接観察するのは難しいが、ワンバであれば、夕暮れどきにルオー川にカヌーを出せば、川辺の樹上にいる姿を見られるかもしれない。プランテーション跡の二次林を静かに巡回すれば、ワンバで発見されたドリアス(サロンゴ)モンキーが見られる。いまだその生態はよくわかっていないが、コンゴの森にありながら、二次林以外で見たことはない。ワンバには他にチュアパアカコロブスとブラッザグエノンがいるが、どちらも広大な湿地林の中を遊動域としていて、観察は難しい。

アカオザルの子供

[左]ジャコウネコ科のサーバルジェネット。地上で小動物を食べることが多いようだ。
[右]ワンバでブーンジュと呼ばれるマングースの仲間。コンゴの森にマングースの仲間は多い。

キノボリセンザンコウ。夜行性で動きはのろく、村人は見つけると駆け出して手づかみで捕まえる。

似たポタモガーレの仲間がペアで泳ぐのを見たことがある。畑の近くのハネワナには、フサオヤマアラシがよくかかる。キノボリセンザンコウも畑でよくみかける。夜中にガー、ガー、と大声で叫びつづけるのは、尾を持たないキノボリハイラックスだ。まず観察することはないが、大きなツチブタとオオセンザンコウは、毎晩のように、新しい掘り跡を地面に残す。

Column 5

コンゴの森で出会う他の哺乳類

コンゴの森では、イノシシとダイカーの仲間にもよく出会う。カワイノシシはオス1頭か、数頭のメスとコドモを見ることが多いが、イヨンジの森で数十頭の大きな群れを見たこともある。ダイカーの仲間では、中型のベイダイカーとウェインズダイカー、小型のブルーダイカーとよく出会う。ハネワナにもよくかかる。湿地林では、上背が1メートルを超えるシタトゥンガの食痕をよく見る。ばったり出会ったときの輝くような体毛を持つメスの立ちすくむ姿は美しかった。森の奥では、めずらしいミズマメジカが川辺を徘徊している。ルオー川の南側の森では、川沿いにバッファローの道がある。さらに奥へ踏み入れば、バッファロー並みに大きく、身体の側面に白い縦じまがあるボンゴの足跡が見つかる。ワンバで最後のゾウは1980年代と聞くが、大きな森が残るところでは森林ゾウが広い森を遊動していて、方々で木々のなぎ倒された跡を見る。

食肉類の仲間も多いが、夜行性で観察は難しい。小さくてかわいいオーヤン、哀愁ある声で夜を彩るキノボリジャコウネコ、それより大きいアフリカジャコウネコ、前肢に鋤のような鉤爪を持つラーテルなどである。ヒョウは、村が近い森では見る機会がなくなってきた。他にマングースの仲間、寸胴なクシマンセの仲間など、昼間でもまれに森の中で出くわす。川辺でカワウソに

表2　本書に出てくるコンゴ盆地の哺乳類

動物名	学名	現地での呼び名*
ボノボ	*Pan paniscus*	ビーリャ
チュアパアカコロブス	*Piliocolobus tholloni*	イエンバ
アンゴラコロブス	*Colobus angolensis*	リュウカ
クロカンムリマンガベイ	*Lophocebus aterrimus*	ンギラ
アレンモンキー	*Allenopithecus nigroviridis*	エレンガ（大きいオスは、ントル）
ドリアス（サロンゴ）モンキー	*Cercopithecus dryas*	エケレ
ブラッザグエノン	*Cercopithecus neglectus*	プンガ、イケセプンガ
ウォルフグエノン	*Cercopithecus wolfi*	ベカ
アカオザル	*Cercopithecus ascanius*	ソーリア、ソーリ
デミドフガラゴ	*Galago ides demidovii*	リシレ
フサオヤマアラシ	*Atherurus africanus*	イーコ
ウロコオリス	*Anomalurus derbianus* *Anomalurus beecrofti*	リテレ、ルキオ
ラーテル	*Mellivora capensis*	ロポコ
キノボリジャコウネコ	*Nandinia binotata*	ビオ
ヒョウ	*Panthera pardus*	コイ
アフリカジャコウネコ	*Civettictis civetta*	ヨー、ヨーロンコイ
アフリカリンサン（オーヤン）	*Poiana richardsoni*	イエニ
サーバルジェネット	*Genetta servalina*	シンバ
キノボリセンザンコウ	*Phataginus tricuspis*	ンカー
オオセンザンコウ	*Uromanis tetradactyla*	イカンガ
カワイノシシ	*Potamochoerus porcus*	ソンボ
カバ	*Hippopotamus amphibius*	グボ
ミズマメジカ	*Hyemoschus aquaticus*	ルクルキャ
バッファロー	*Syncerus caffer*	ボロ
シタトゥンガ	*Tragelaphus spekii*	ブリ
ボンゴ	*Tragelaphus euryceros*	ケンゲ
ブルーダイカー	*Philantomba monticola*	ボロコ
ズグロダイカー	*Cephalophus nigrifrons*	パンビ
ウェインズダイカー	*Cephalophus weynsi*	ベンゲラ
ベイダイカー	*Cephalophus dorsalis*	クルハ
キノボリハイラックス	*Dendrohyrax dorsalis*	エレカ、ボンボル
シンリンゾウ	*Loxodonta cyclotis*	ジョク、ジョウ
ツチブタ	*Orycteropus afer*	イルオ

*現地での呼び名は、ワンバとイヨンジで異なることもある。

集団間関係に果たすメスの役割

ボノボ社会で興味深いのは、出自集団が異なるにもかかわらず、いつも近くに寄り添い、強いつながりを見せるメスたちである。ボノボの集団生活は、まずもってメスたちの結びつきに特徴づけられる。そう思うと、集団間のつながりにも何かしら関与している可能性を考えてみたくなる。

メスは若いときに出自集団を離れ、他の集団へと移籍する。そうすると、その後は、集団間の出会いがあるたび、自らの母親や、子供のころになじんだ個体、あるいは他集団へ移った姉妹と交流を持ちつづける可能性があってよさそうだ。はたして、実際にそのような機会はあるのだろうか。

ボノボのメスはコドモ期の終わりからワカモノ期に出自集団を離れるが、その機会は集団間の出会いがあるときに限られる。E1集団は、二〇〇八年の九月以降、なんと二年近くも隣接集団と出会わなかったのだが、この期間、E1集団にいた移出できる年ごろの若いメス二個体（ユキの娘のユキコとナオの娘のナチ）がE1集団から出ていくことはなかった。また、同じ期間に、他の集団から若いメスがE1集団に訪れることもなかった。[35] つまり集団間の出会いがないと、ボノボのメスは移籍しないのである。

出自集団を離れたメスというのは、その後、数年にわたって所属集団が安定せず、複数の集団を渡り歩くことが多い。興味深いことに、ワンバの調査史を通じて、出自集団を出たメスが最終的に隣接する集団に定着したという例は、近年まで一つもなかった。一九九〇年代まで、三集団の個体

が識別されていたにもかかわらずだ。若いメスは隣接集団と出会うと、元の出自集団に戻ることもあるが、いずれは出自集団に隣接する集団を超えて、その先の遠い集団へと移っていくのが常である。

近年、二〇一三年になって、PE集団で生まれたメスが隣接するE1集団に定着し、やがて出産するというケースが観察された。これは間違いなく、E1集団の特殊な事情による。つまりE1集団は、他の隣接集団と出会う機会があまりに乏しいので、その先の隣接集団へ移籍する機会が極端に限られるのである。

このように、ふつうは出自集団を出たメスが隣接集団に定着することはないという事実を踏まえると、日ごろ隣接集団と出会いを繰り返す中で、自らの母親や子供のころに親しんだ個体と交渉を持つということは起こりそうにない。同じ母親のもとで育った姉妹どうし、同じ集団で育った世代の近いメスどうしについては、それぞれが同じ集団に移籍したり、隣接しあう集団に移籍するという可能性はある。これについては、いずれDNA分析の試料集めをさらに広い範囲の集団へ広げることで、明らかにできるかもしれない。

二〇一三年以降のE1集団には、実際にPE集団やPW集団の若いメスがE1集団に移入し、その後、E1集団で出産、定着するというケースがつづいている。今後、E1集団とPE集団やPW集団の関係を追跡することで、隣接集団に定着したメスが、集団間のつながりにどう関与することになるのかを観察できるだろう（すでに観察事例はある[36]）。

ボノボ集団の出会いにおける交渉は、つかず離れずの遊動が見られるように、比較的穏やかな関係にあることをここまで強調してきた。しかし、集団間での激しい闘争がまったくないわけではない。ただし起こったとしても、せいぜい数年に一回あるかどうか、という頻度になりそうだ。たとえば二〇一二年のことになるが、PE集団とPW集団の出会いの際、激しい闘争があり、少なくともPW集団の一頭のオスが体の数ヶ所に大けがを負い、PE集団のメスの中にもケガを負った個体が確認された。このときのオスのケガは、今も体に残る傷痕となっている。このような、まれではあるが確かに起こる激しい闘争が何に起因するのか、そして、起こった闘争がその後の集団間関係にどう影響するのか、あるいはしないのか、いずれもまだわかっていない。まずは同じような事例の観察を積み重ねていくことが、今後の課題である。

最後に、頻繁な出会いを繰り返すPE集団とPW集団の関係を、ワンバのボノボ個体群の中にどう位置づければよいかという問題に触れておきたい。先述のように、DNAに基づく遺伝的な解析が、今後、何かしらの突破口を開くかもしれない。しかし、現在わかっていることは、頻繁に出会いと交流が繰り返される集団間では、集団の所属を超えて親しくつき合うメスがいる、ということである。この両集団は、もともと何か特別な関係にあったのだろうか。たとえば集団の分裂が起こったという想定である。あるいは、集団間の頻繁な出会いは、豊富な食物環境に支えられてのことで、出会いが繰り返し起こる限りでの親しい関係ということなのだろうか。

PE集団を人づけしたころからの調査から、集団間の出会いがよく起こるのは、森の果実が多い時期であることがわかってきた[37]。複数集団のつかず離れずの遊動が何日もつづくというのは、そこに、それほどたくさんの個体の腹を満たす食物があるということだ。ちなみに果実の少ない時期は、先に紹介したように、他の集団と出会っても集団間の出会いを何日も繰り返したりはしない。そのようなときでも、そこに性皮を腫らしたメスがいる場合は、余計に出会いを繰り返すという傾向が見られた[38]。

また、ある限られた地域に実った果実が複数集団を引き寄せ集団間の出会いを引き起こすことは、ワンバでは、ウアパカ属の果実、ボセンゲの季節に見られるかもしれない。ただし、毎年のように起こることではなく、あったとしても数年に一度の豊作期のときに限られそうだ。一方、例年、集団間の出会いが頻繁になる八月、九月ごろは、ランドルフィア属の果実が豊富な時期で、年にもよるが、わりと森の広い範囲で果実は実る。つまり、集団どうしが無理に出会わなくてもやっていける食物環境であるように思える。

集団を超えた特定のメスどうしのつながりが、集団間の出会いを頻繁にする一因になっているのか、また、出会いが長く持続する一因になっているのか、いずれも確かなことはわかっていない。2章でみたように、ボノボの集団生活にとって一緒にまとまっていることが重要なのだとすると、集団を超えたメスたちの結びつきというのも、頻繁な出会いと交流が繰り返される限りにおいて生じることであるかもしれない。そのようなメスどうしの結びつきが、その後の集団間の出会いを頻繁にするような正のフィードバック効果につながっているのかは、さだかではない。

二〇一〇年以降に観察してきたPE集団とPW集団の関係は、一九七〇年代のE1集団とE2集団の関係、一九八〇年代半ば以降のE1集団とP集団の関係とよく似ているように私には思える。このような特定集団ペアのつながりは、ボノボの地域個体群の集団構造に何かしらの意味を持つのだろうか。たとえば、メスの移籍パターンと関連したりするのだろうか。あるいは、集団内で社会的に存在感のあるメスが年老いたりすると、集団間のつながりにも影響が及んだりするのだろうか。集団間関係の経年変化を追跡することは、今も古くて新しいテーマである。

4章

イヨンジの森のボノボたち

隣の地域個体群を追う

1 イヨンジの森にて

ボノボの叫び声が上がる。樹上二、三メートルの低いところにコドモが見えた。距離は二〇から三〇メートル、人に慣れていないボノボたちだ。じっと私の方を見ていたオトナメスが地面へ降りた。コドモが後をついていく。地面に降りてしまうと、下ばえのためにかれらは見えない。私は地面にしゃがむ。立っているより、しゃがんだ方が、ボノボは怖がらない。まだそこにいる。何度か、ヒャウヒャウヒャウ、と甲高い警戒心のまざった吠え声が上がる。私のしゃがむ目の前と、より先の方、そして、後ろの方からも声が上がった。私はボノボたちのあいだにいる。

三〇分ほどが経った。樹上から何かが落ちる。果実だ。木の高いところを見ると、採食するボノボがいる。腹が減ったか。少し落ち着いたのか。でも一、二分で採食をやめる。奥の木の陰、四、五メートルの高さに、オトナメスが見えた。じっと私の方を見ている。私の後ろには、トラッカーが二人いる。興奮して観察をつづける私と違い、寝そべって休んでいる。メスのボノボの背中をアカンボウが動き回った。二、三歳くらいだ。オスか、メスか、よく見えない。オトナメスの体は細めだ。まだ若いか、いや、乳首は長く垂れている。自分の子を何個体か育てたメスにちがいない。乳首の色素は薄めで、口の周りも白っぽい。あ、右手が見えた。薬指が小指側に曲がっている。手の甲に、ひもで縛られたような痕がある。かつて針金のハネワナにかかったことがあるのだろう。左手も見えた。左手の指は五本ともそろっている。

また三〇分ほどが経った。ヒャーオ、ウォウォウォ、ヒャーウォ。オスの声だ。地面に近い樹上で、その声に合わせて動く個体がいた。藪の向こうで飛び跳ねるか、短くダッシュするディスプレイをした。ほぼ同時に、別の場所のもう一頭が声を合わせた。少し間をおいて二回、三回と同じような吠え声があがった。そのときだ。私は眼を見張った。体がこわばる。オトナオスが数頭、吠え声をあげながら体を上下に揺すり、勢いよく木を駆け上がってきた。私との距離は、一〇メートル、一五メートルくらい。オトナメスも一頭見えた。ヒャーウ、ヒャーウ、ヒャーウと叫び、飛び上がるように近づき、じっと止まる。私の方を見ている。オスたちが私のことを見に来たのだ。私から見えたオスは四個体いた。

しばらくして、そのオスたちは下ばえに降り見えなくなった。アカンボウのフフフフ、という小さい声がした。母親に母乳や運搬を求めるときによくあげる声だ。母親が動き出したので、子が母親を呼んだのだろう。藪の向こう、まだ木の低いところに残っている個体がいる。コドモのようだが、よく見えない。母親が地面にとどまっているのだろう。

その後も、静寂を打ち破る吠え声が何度か上がった。私たちをのぞき見るように、樹上一、二メートルの高さに登った個体がいる。コドモのようだ。

オスがディスプレイで登場してから、一時間ほどが過ぎた。またも、ちらっと私の方を見るボノボがいた。幼子が、フフフフ、と小声を発し、その声が、ビエ〜、ビエ〜、と泣き声にかわる。三歳から五歳くらいの離乳期によくある甘え、癇癪の声だ。最後まで残っていた母子が、ついに離れていくようだ。私はじっとしゃがんだまま、藪の先のボノボの気配を探る。かれらの気配は去った。しかし、そう遠くに離れてはいない。そんな気がする。すぐに追いつけるだろうが、まだいいだろう。だいぶ緊張したときを過ごしたから、すぐに追うのは逆効果かもしれない。はじめっからしつこいのは、印象を悪くしかねない。

それにしても、まさか私たちを見にくるなんて。私たちを脅すかのようなディスプレイには驚いた。自分たちを鼓舞するかのようでもあった。この日はその後、雨となり、再びボノボを見ることはなかった。

2　新しい集団の人づけ

イヨンジのプロジェクト、はじまる

私はイヨンジ村のトラッカーと森を歩いていた。まだ知り合って日の浅いトラッカーたちだ。そ

れまでも、年に一度はイヨンジの森に足を運んでいたが、二〇一〇年の七月、いよいよ新しい個体群の人づけをはじめることになった。

二〇〇〇年代に入り、コンゴの戦乱が落ち着いてくると、ボノボの棲む森にはコンサーベーションの波が押し寄せた。外からの波は、地域住民が自らに賛意を問う暇もなく押し寄せ、プロジェクトの持つ扇動力が村の一部の人たちを感化した。イヨンジの村人が立ち上げたローカルNGO「ボノボの森（Forêt des Bonobos）」は、隣村ワンバの日本人研究者のもとに、イヨンジにも保全のプロジェクトを呼びこみたいと相談を持ちかけてきた。「ボノボの森」の代表は有能で、村人からの人望もあり、ワンバの日本人研究者とのつき合いは長かった。

当時はすでに、イヨンジ村から東に連なる村々で、アメリカ人の保全活動家、サリー・コックスと地元の有力者、アルベール・ロターナが中心となり、環境NGOの「ボノボ・コンサーベーション・イニシアティブ（BCI、Bonobo Conservation Initiative）」と地元のNGOの「ヴィー・ソヴァージュ（Vie Sauvage）」が、ココロポリ・ボノボ保護区を設立するプロジェクトを動かしていた。そこでは外国人の出入りが増え、大きなお金が動いていることは、どんな村人にも明らかだった。その後、ココロポリの保護区は二〇〇九年に政府に認可された。

「ボノボの森」の代表から相談は受けたものの、ワンバで学術調査を進める私たちが、研究の片手間に保全プロジェクトをサポートすることは不可能だった。ワンバでも一九八〇年代にはルオー学術保護区を設立する活動が進められたし、これについては次の章で紹介するが、二〇〇〇年代以降も、地域の医療や教育の支援など、小さいプロジェクトを進めている（コラム7も参照）。しかし、当時はすでに、コンサーベーションというのは一つの確かな職業になっていた。たいていのNGOがキンシャサにオフィスを持ち、全体の予算を思えば、ワンバで細々と調査を継続するのとは、桁が一つも二つも違っていただろう。

そこで私たちは、ロマコの森を中心にボノボの保全活動を推し進めていた国際NGO「アフリカ野生生物基金（AWF、African Wildlife Foundation）」で活躍するベルギー人のジェフ・デュパンに相談を持ちかけた。ジェフは、もともとロマコでボノボ調査をしていた研究者で、一九九五年にイエマと呼ぶ新しい調査基地を開いていた。ロマコの一九七〇年代にはじまる調査基地から、一五〜二〇キロほど離れたところになる。その後、戦乱へと突入していくコンゴの森で密猟が横行する現場を目撃し、後にAWFのメンバーとしてロマコ地域を中心にボノボが棲む森の保全活動に尽力していた。はじめ研究者だったジェフは、加納隆至にはじまる日本人のボノボ研究に一方ならないオマージュを真摯に持つ人だ。

詳しくは次章で触れるが、AWFはロマコからワンバを含む広域なランドスケープを見据え、ボノボ個体群が分断され孤立しないよう森を保全するプロジェクトを進めるため、二〇〇九年にオフィスをジョルに開いたところだった。ワンバ村から八〇キロの距離に位置するジョルは、ワンバ村やイヨンジ村を含むジョル地区（県くらいの規模を想像してくれるとよい）の中心で、私たちがワンバに入るときに飛ばすセスナ機は、ジョルの草むらのような滑走路に着く。そして二〇一〇年、AWF

が活動資金を調達しイニシアティブを取る形で、イヨンジの森を保護区にするプロジェクトがはじまったのである。[1] このプロジェクトは、AWFがイヨンジのローカルNGOをサポートし、ワンバの日本人研究者がこれまでの研究活動の経験を活かして技術的な支援をおこなうという体制をとった。技術的支援をおもに担ったのが私で、その一つが、イヨンジの森に調査基地を開き、ボノボを観察できるように人づけをおこなうことだった。[2]

イヨンジの森の位置

ここで、イヨンジのボノボ個体群について大切なことを確認しておこう。イヨンジの保護区になる森は、ルオー川の南側に位置する（図9③）。つまり、ルオー川の北側に位置するワンバのボノボ個体群とは、ルオー川で隔てられている。

イヨンジ村は、ワンバ村の東に隣接する（57ページ図2）。ワンバの南のはずれにあるヤエンゲ集落からイヨンジ村のはじめの集落まで、十数キロの距離がある。幹線路を東へ進み、はじめに出てくる集落がヨカリ、その次の集落がヨファラになる。イヨンジ村は、東西にのびる幹線路沿いに一〇ほどの集落がつらなる。ワンバは南北に五つの集落がつらなるので、集落の数は倍になる。イヨンジ村の集落は、ワンバ村と同じく、ルオー川の北側に位置している。

ワンバのE1集団がコフォラ川を渡りイヨンジの森へ行くことがあると先の章で述べたが、これは幹線路と集落があるルオー川の北側の森である。ワンバ村と隣接するイヨンジ村のこの地域は、そ

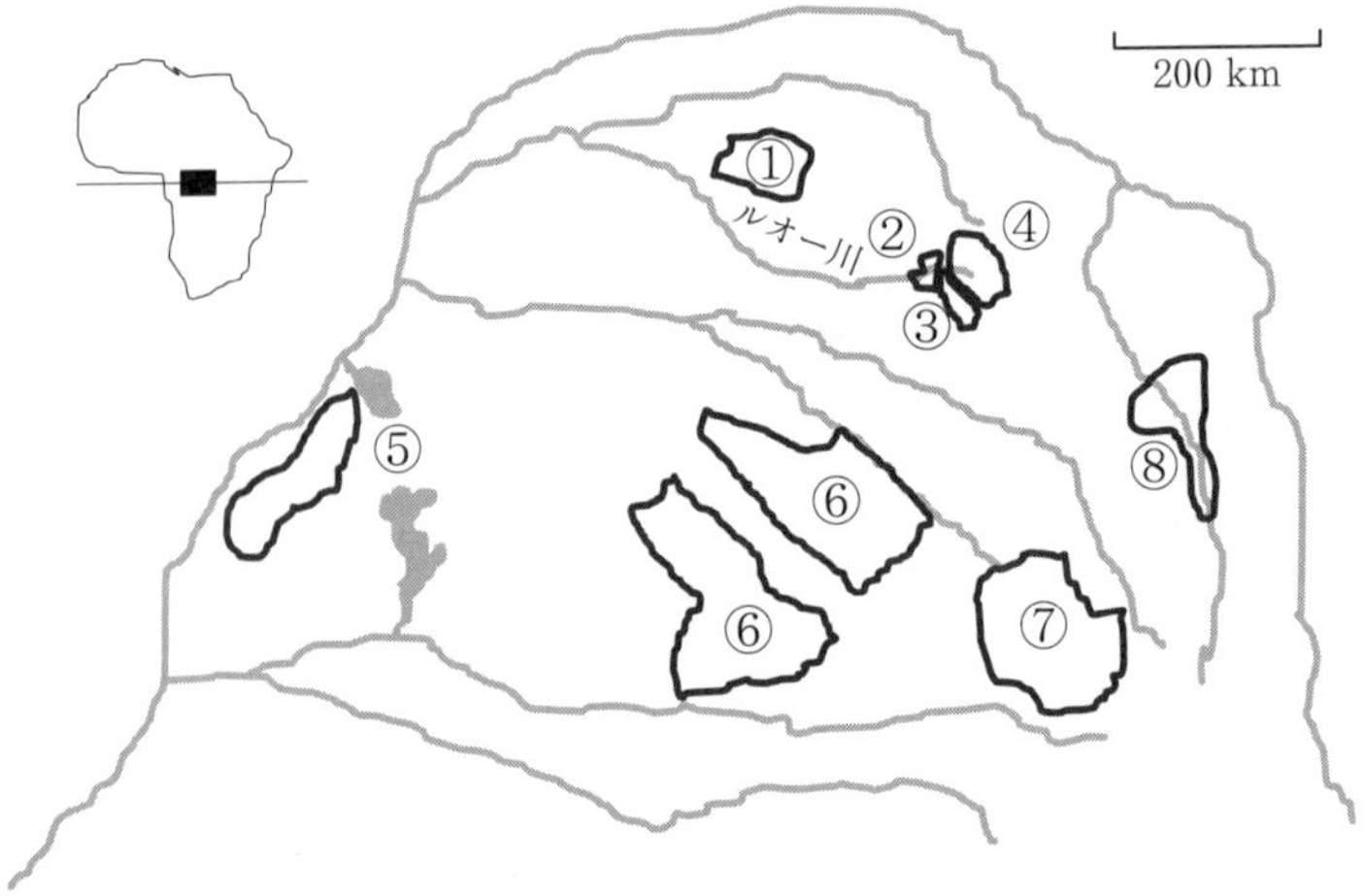

図9　ボノボが生息する地域の保護区

①ロマコ-ヨコカラ動物保護区、②ルオー学術保護区、
③イヨンジ・コミュニティ・ボノボ保護区、④ココロポリ・ボノボ保護区、
⑤トゥンバ-レディイマ保護区、⑥サロンガ国立公園、⑦サンクル保護区、⑧ロマニ国立公園。

の北側にセマ村の森が隣接する。セマの森は、ワンバとは違い狩猟圧が高いと村人から聞く。ワンバ村の集落の西側の森も、その北側にはセマの森が隣接する。その地域に、一九九〇年代まではボノボの集団が一つあったと聞くが、今では見つからない。狩られて消滅したのだろう。

ワンバ村の集落の東側の森もまた、その北側はセマの森になり、コフォラ川の上流からその東へ森は広がっていて、隣のココロポリ保護区とつながっている。E1集団が東のイヨンジの森で出会うIY集団のボノボは、コフォラ川あたりが遊動域の南西端になり、イヨンジの森よりセマの森の方が主たる遊動域ではないかと考えているが、確かなことはわからない。E1集団とIY集団の出会いは、一年のうちで起こる時期

が限られたとはいえ、二〇一〇年と二〇一一年には繰り返し観察された。しかし、その後はE1集団がコフォラ川の東に行くことはあっても、IY集団のボノボと出会わなくなってしまった。二〇一六年に一度、久しぶりにIY集団の個体と出会っている。IY集団の遊動パターンが変わって、コフォラ川の方にほとんど来なくなったのかもしれない。あるいは、高い狩猟圧のもとで、IY集団の存続が危うくなっているのだろうか。

さて、保護区の予定地となるルオー川の南側へ目を移してみよう。イヨンジ村の調査キャンプへはどう行くかというと、イヨンジ村の集落から、その南に広がる湿地林を抜け、ルオー川を渡る。ルオー川に出るまで、数キロもある湿地林を抜けるのはたいへんだ。雨季で水かさが増していれば、ルオー川に出る小さい支流の上の方までカヌーを上げることができ、湿地を歩く距離を短くできる。その支流も、森の中にある道と同じく、木が倒れれば通せん坊となる。ときには川に浸かって、斧でカヌーの道を開く必要がある。

ルオー川の川幅は広く、森が開けた川面では日傘が欲しい。ワンバのボノボが、ルオー川の川面の見えるところまで行くことはないことはないが、とてもまれなことだ。仮にルオー川の上に喬木がうまい具合に倒れたとしても、ボノボが渡るのは無理だろう。だから、ルオー川の南側に棲むイヨンジ個体群のボノボが、ルオー川の北側に棲むワンバ個体群のボノボと交流することはない。川をはさんだ集団どうしが鳴き交わすような出会いはないし、若いメスが集団間の移籍を通して交流することもない。遺伝的交流があるとすれば、それはルオー川の上流の方を通してになる。ただし、大きな動物、森林ゾウやバッファローは、このルオー川を渡ることができる。

ルオー川の南側の森に目を向けてみよう（57ページ図2）。ワンバ村の南に接するのは、イロンゴ村の森だ。ルオー学術保護区の南地域になる。ワンバの村人の生活に欠かせないロクリ川は、北から南へ流れ、ルオー川の右岸に流れ込む。ロクリ川の河口の向かいには、南から北へボウワ川がルオー川に流れ込む。レース川とンガンドゥ川の中間に位置する川だ。そのボウワ川からイロンゴの森を東へ進むと、ンガンドゥ川に出る。位置的には、ルオー川を挟んで、コフォラ川の対面あたりになる。このンガンドゥ川は、イロンゴ村とイヨンジ村の境界であり、ルオー保護区の境界でもある。イヨンジ村のもっとも西の集落、ヨカリの村人は、このンガンドゥ川にガンダを持ち、そのあたりの森を利用していた。ンガンドゥ川を渡りイヨンジの森に入って東へ進むと、やがてエールワ川に出る。イヨンジ村の二つ目の集落、ヨファラの村人は、このエールワ川にガンダを持っていた。このンガンドゥ川とエールワ川の間が、私たちのおもな活動場所である。

　時代を古くさかのぼると、かつてイヨンジの集落というのは、ルオー川の南にあったそうだ。一九三〇、四〇年代のころ、当時のベルギー政府による統治が僻地におよび、幹線路が開かれ、人々は幹線路沿いに集住するよう求められた。そのころイヨンジの村人は、ルオー川の北側に集落を移したようだ。行政区が書かれた地図は、やはりそのころに作製されたと思われるが、驚くことに、イヨンジの村はルオー川の南側へ帯状に細長く、六〇キロから七〇キロほどものびているのである。この広大な森が、イヨンジ保護区の候補地になった。しかし、イヨンジで調査をはじめてからわかったのだが、私が知るヨファラとヨカリの人たちがガンダを持って日常的に出入りする森は、せいぜいルオー川から南へ一〇キロメートルくらいの範囲にすぎなかった。このことは後に、大きな問題となる。

　ちなみに、ワンバの集落が今の位置に移ったのも、一九三〇、四〇年代になるようだ。その前はというと、今の集落より西の方に集落はあった。ここで、たくさんの支流がコンゴ河に流れ込むコンゴ盆地の様子を鳥瞰

ワンバの森にゾウはいなくなって久しいが、
今もゾウの歯を森で見つける。

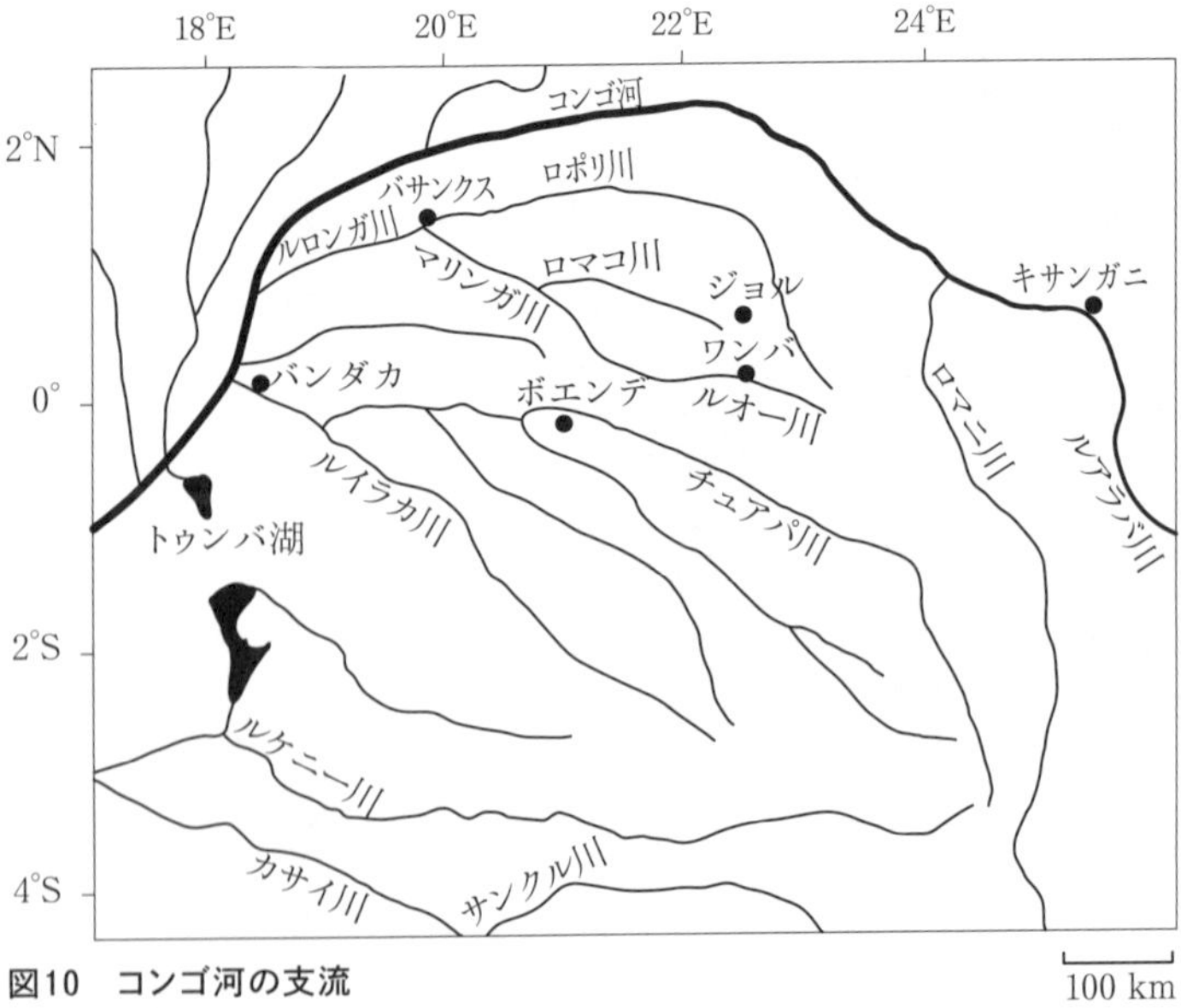

図10　コンゴ河の支流

ボノボの生息地は平坦で、どの支流も蛇行していて、流れはゆるやかだ。

してみよう（図10）。首都のキンシャサからコンゴ河を上流へ北の方へと上り、赤道州の州都バンダカを過ぎると、東側にルロンガ川が流れ込む。このルロンガ川を東へ遡ると、バサンクスの町のところで大きく二つの支流に分かれる。その南側の支流、マリンガ川を遡上すると、上流ではルオー川と呼び名が変わり、ワンバ村まで着くことができる。ルオー川は、ワンバ村に着く手前のベフォリと呼ばれるところで細くなり、少し流れがきつくなる。想像するに、かつて中央から来た派遣団は、ベフォリで船を停め、ルオー川の右岸から陸路を北へ進み、今のルオー郡庁があるボコンドと呼ぶ地に本拠地を定めたのだろう。近くにはカトリックのミッションも開かれた。

ボコンドを本拠地とした後に、どうも南の森の奥にも人がいるという情報が入る。それがワンバの村人だったわけだ。かつてのワンバの集落は、ロクリ川の西側に、東から西へのびていたようだ。一番東のヤエンゲから、その西へ、ヤソンゴ、ヨワラ、ヨペテ、ヨコセと連なっていた。新しい幹線路は、ボコンドからセマを経てワンバまで、だいたい北から南へ開かれた。そこで、かつて東西に連なっていたワンバの集落は、ちょうど時計の針を九時から一二時の方向へ回すように移動した（57ページ図2）。つまり、ヤエンゲの位置はあまり動かず、もっとも西のヨコセの集落が一番北に移動したわけだ。今でもボノボを追って森を歩いていると、かつて集落や畑があった場所を知ることができる。アブラヤシの木が生えているからだ。今では大きく育った森の中、私たちが観察路として利用する細い道沿いには、二〇メートルを超えるような高さのアブラヤシが並んでいる。

足跡が途切れてしまう

この章の冒頭で記したのは、二〇一〇年七月一四日の正午をまたいだ二時間あまりの観察の様子だった。

イヨンジのトラッカーとは、その一週間前に調査をはじめたばかりで、かれらはヨファラとヨカリの集落から選ばれたトラッカーだった。調査キャンプはンガンドゥ川とエールワ川の中間くらいに開いた。以前から縁のあったヨカリの人のガンダを使わせてもらった。イヨンジのトラッカーも、森を歩けば動物の足跡などを目ざとく見つける。私などかれらの能力に遠く及ばない。私でも現地のイノシシのように大きな動物の足跡は認めることができるが、今朝の足跡と数日前の足跡が混ざっていたり、ボノボとイノシシの足跡が重なってしまうと、ちゃんと区別できるか覚束ない。でもかれらは、探す範囲を広げ、それらの区別が明確にわかる痕跡を見つけることで、重なった痕跡の綾をほどいていく。この森には小型から中型のダイカーが何種かいるが、それらの足跡の区別も、かれらは見事にやってのける。大きさ以外の形状をどのように識別しているのか、私にはよくわからない。かれらはときに、足跡でくぼんだところの枯れ葉を静かにはがし、その下のくぼみの形を観察する。小さい足跡だからブルーダイカーかと思ったら、これはベイダイカーの子供だと教えてくれたことがあった。私には違いがわからない。

私はワンバのトラッカーと仕事をしてきたから、ボノボの痕跡を追跡するには何をすればよいか、

どれくらいの追跡が可能かを知っている。もっとも目につく痕跡は、折れて傾いた地面の草本だ。動物が踏んづけて倒れるので、進んだ方向もわかる。ツチブタが掘り返したところや、サスライアリの巣の跡の砂地の上をボノボが歩けば、足の指先の跡や手の指の背の跡（口絵5ページ）が残る。ボノボかイノシシかはっきりしないときは、少し足跡を前後に追ってみて、ボノボが食べたマランタセなどの食痕がないか探してみる。

ワンバで調査をはじめたころは、私はてっきり森に詳しい村人なら誰でも、経験あるトラッカーと同じようにボノボの追跡ができるものと思っていた。どんな村人も、たいてい動物の痕跡に目ざとく、何の動物かをすぐに教えてくれるからだ。だが、そうではなかった。私たちがおこなうボノボの追跡は、痕跡が途切れても、その後の痕跡へとつないでいかなければならない。ボノボの追跡は、経験が物をいう特殊技術なのである。

さて、冒頭の七月一四日に戻ると、その前のボノボの観察は調査を開始した初日だけで、その後はなかなかボノボを見つけられずにいた。初日のボノボは、樹上で採食しているところを偶然観察したが、おそらく私たちの存在に気づくことなく地面へ降り去っていった。時間にして一〇分間の観察だった。その後も何度かボノボの痕跡は見つけたものの、なかなかボノボのもとまでたどり着けなかった。ワンバのトラッカーだったら、見つけた痕跡が前日のものであっても、そこから追跡をはじめ、昨夜のベッドにたどり着き、その後も追跡をつづけて、やがて今いるボノボのところまでたどり着く。それが難しいのは、ボノボが小さいパーティに分散したときくらいだ。雨が減り、枯葉が増え、地面が乾きがちな時期だと、なおさら難しい。しかし、このときは七月、ワンバの森であれば比較的大きめのパーティを作りがちで、追跡の条件はよいはずだった。

翌一五日は、前の日にボノボを観察した場所に戻り、そこから痕跡を追跡することにした。前日の観察のときは周りでも声がしたから、少なくとも一〇個体はいたはずだ。痕跡を追跡するには、まずどの方向へ移動したかを調べる。方向がわかったら、その先で次の痕跡を探す。すでに丸一日もたっていたら、その先、数百メートル、あるいはもっと先の道へ回り込み、次の痕跡を探すようにする。痕跡を追跡するあいだもボノボは遊動をつづけているから、前日の痕跡を追跡するのに時間がかかりそうなときは、思い切って先回りした方がよい。とはいえ、追跡する足跡が数個体の小さいパーティのときは、痕跡が残りにくいので、小刻みに先回りした方がよい。それでも、一個体一個体の足跡が違う方向へ向かっていたりすると、いくら丁寧に痕跡をつないでいっても見失ってしまう。

この日は、前日の観察地点から、まずは移動した方向を知ろうと痕跡を探したのだが、これが見つからないのである。私は痕跡の探し方をトラッカーに伝えた。はじめは樹上を移動したとしても、その先で必ず地面に降りて歩く。だから、はじめは昨日観察したところから半径数十メートルの範囲を探す。一人が右回り、もう一人が左回りで、一周分探す。しかし、見つからない。ここであきらめてはいけない。次は、半径百メートルくらいに範囲を広げて、同じように探す。探す距離を徐々に長くする。私は視力がよくても痕跡には目ざとくないので、顔を地面にすりつけるように半腰で探すようにする。一時間もすると腰は張ってくる。林床が開けたところは痕跡が残りにくい。あえてボノボがつまみ食いをしそうなマランタセの繁る藪の中に分け入ってみる。藪の下をくぐりつづけるので、いよいよ腰を立てることができない。人が直立して歩けるところは、得てして足跡が残りにくい。どれくらい努力すれば見つけにくい痕跡が見つかるか、その感覚は経験で身につけるしかないところだ。

しかし、その日は結局、後につづく痕跡を見つけることができなかった。昨日私たちを観察にきたボノボたち、近くで声をあげたボノボたち、かれらはどこへ行ってしまったのか。その後も、似たようなことが繰り返された。ボノボが歩けば痕跡は残る。残る場所はある。ましてや、そこそこの個体数が一つのパーティを作って歩いていたら、なおさらだ。でも、痕跡を追い切れない。どうしてこうも、集団で移動したはずの新しい痕跡を追い切れないのだろうか。

一度、ワンバのトラッカーをイヨンジの森に連れてきてみようかしら、あるいは、イヨンジのトラッカーをワンバのトラッカーのもとでトレーニングしようかしら、そんなことも考えた。しかし、実行には移さなかった。ここらの村人たちは、女性は嫁ぐと自分の村を離れるが、男性は若いころに都会に出ることはあっても、いずれは自分の村に戻ってくる。子供のころに慣れ親しんだ森が、一生を通して親しむ森である。かれらは驚くほど自分たちの森に詳しい。薬として有用な木や家を建てるのに必要な木など、今ならどこにあるか、どこへ行けば手に入るか、そんなことを知っている。森の木の一本一本を覚えているのかと驚かされることは多い。とはいえ、かれらにとっては物心ついたころから親しんでいる森だから、それは詳しくもなろう。

実は森の中も、集落ごとの区画のようなものがあって、一つの集落の中でも、家ごとに使う道が決まっていたりする。それは、主食のキャッサバ芋をあく抜きする水場や、日々の水汲みや洗濯をする水場だけでない。水場を越えたその先の森の中でも、たとえば男性であれば、それぞれにハネワナを仕掛ける道を持っている。森を歩いていて、ハネワナにダイカーがかかっているのを見つけても、ファミリーが違えば取ることはできない。同じファミリーの者なら、持ち帰ってあげるくらいは許されよう。森に新しい観察路を開きたいとき、私はハネワナを仕掛けるだけの人には頼らない。犬を連れて猟をする人に聞くようにする。その方が広い範囲の森をよく知っているからだ。

上空から見ればどこも同じような森が広がっているように見えるが、その中はどうかというと、村人がよその人たちの森に入ることなど、めったにないのである。よその森へ行くのは、姻戚関係などがある親しい知り合いに会いに行くときくらいだろう。私が仲介に立てば、ワンバとイヨンジのトラッカーの交流も可能だったとは思うが、追跡技術の習得にはそれなりの期間を必要とするし、サラリーを受け取る仕事とはいえ、自らの森の知識を隣村の人にそうそう教えるものではない。むしろ教えることを拒否するのがふつうだ。もしも実行に移していたなら、村をあげての騒動の火消し役に回ることは必至だったろう。

慣れていないボノボの難しさ

人づけの過程にあって、ボノボの痕跡を追い切れない。なぜだろう。トラッカーの能力のためか、それとも他に理由があるのか。私はボノボの人づけをつづける中で、その原因の一つがボノボの行動にあることを知った。ボノボが私たち観察者に慣れていないと、ときどき姿を現してくれることはあっても、それはたいてい樹上高いところに食べ物があるときである。お、慣れてきたのかな、とも思うのだが、それは樹高が二〇メートルを超える高さだからであって、そのときにも緊張はしているのだろう、採食を終えて地面へ降りた後は、大きな声で呼び合うことをせず静かになってしまう。それだけではない。実は、静かなうちに、ばらけてしまうのだ。密に集まったまま列をなして歩くのと違い、個々体がそれぞればらけてしまうと、足跡が見つからなくなる。ボノボたちに自分の足跡が追跡されているという自覚はないだろうが、足跡を追跡する私たちのことを見事にまいていたのである。

このことに気づくまでには時間がかかった。しかし、後になって思えば、ワンバのよく慣れたボノボでも、似たような状況があった。ワンバの森では、村人が猟犬を連れて歩くことがある。ワンバ村で見る犬はどれも小さく、せいぜい私たちの膝の高さくらいだ。そのような小さい犬を四、五四、あるいはそれ以上つれて、首には木で作った鈴をつけ、カランコロンカランコロンと音を立てながら森のなかを徘徊するのである。さて、そのような犬たちの鈴の音が遠くに聞こえてくると、ボ

犬たちは首に木の鈴をかけていて、カランコロンカランコロンと乾いた音が森に響く。

ノボたちはさっと静かにばらけてしまい、ワンバの優秀なトラッカーでもその後のボノボを見失ってしまうことは多い。まさに犬猿の仲である。イヨンジでは一、二年にわたってボノボにまかれることが多かったが、実はそのようなことが起きていたのである。

この事実は、ボノボのパーティ・サイズを調べることへの注意を促している。とくに他の調査地と比較するときには注意しなければいけない。集団のメンバーが離合集散するボノボ社会の柔軟性は、季節的に変動する食物の分布と量に応じるところがあるし、性皮を腫らした魅力的なメスがいると、その周囲にオスたちが集まることもある。集団の中で息子どうしが順位を争うような状況にあっては、その母親どうしの仲がぎくしゃくし、いつものメスの集まりに異変が生じるかもしれない。ヒョウのような捕食者の影響を私はワンバで感じたことはないが、密猟者の射撃を経験したボノボは、静かにばらけて姿をくらまし、やがて身を寄せ合いながら少し離れた地域へ移動してしまうことだろう。このようにさまざまな要因がパーティ・サイズに作用すると考えられるが、私たち観察者の存在そのものも、忘れてはならない要因の一つである。集中調査をはじめて数年から五年くらいは、人に慣れる具合が変化していて不思議でない。

十分にボノボの観察ができていても、観察者の数が増えたときや、ボノボにとって慣れていない観察者が訪れたときは注意した方がよい。大きなレンズのカメラを向けられたりしたら、なおさらだ。テカテカした布地や光物にも敏感だ。そのようなボノボが嫌がる物でも、さらされる機会がつづくと、わりとすぐに耐えてくれるようになるのだが。とはいえ、人づけの進んだ集団でも、そのメンバーがすべて同じように慣れているわけではない。一時的な訪問者は、コドモたちが盛んに遊んでいるのを見て、よく慣れたボノボたちだと感心するかもしれない。そんなときも私の眼には、いつもと違う緊張したオトナたちの注意深く周囲を気にする姿が映っていたりする。私は、経験豊かな最少人数のトラッカーと観察するときのボノボの姿が好きだ。オトナどうしの遊びが見られるのは、そういうときである。

板根を叩く音に反応する

2章でも触れたが、人によく慣れたボノボでも、日中にばらけることはよくある。早朝には多くの個体を見たのだが、移動するにつれて、見えている個体が減っていく。最後まで見えていた個体が、木から降りて歩き去る。さて困った。先に動き出した個体は、どこへ行ったのだろう。森は、しんと静まり、トラッカーは立ち止まっている。はじめはよくわからず、私はトラッカーに、ボノボが動き出したときにはしっかり追えよ、と思ったものだ。でも、違うのである。一個体一個体の足跡が別の方向へ進んでいる。追ってきた足跡は、もう一、二個体しか残っていない。トラッカーもどうしようかと立ち止まる。さすがに一個体の足跡を追跡する気はしない。複数個体が一緒にまとまって歩いている足跡を探そうか、という発想になる。もしあれば、の話だが。ときには、ヘタに探し回るより、同じ場所で声の上がるのを待つ方がよい。

日中のばらけた時間は、大して移動しないことがほとんどだ。ばらけて、そこかしこで休んでいる。しかし、声のないまま数時間も過ぎてしまうと、少なくとも一部は、どこかへ行ってしまったかもしれない。それぞれが静かに移動することがあるし、意外にも、静かなうちにまとまって移動していた、ということもある。私に感知できないコミュニケーション手段を、ボノボたちは持っている。

ボノボが見えなくて、しんとしている、そんなときワンバのトラッカーは、板根の発達した木を見つけて、山刀で叩いてドンドンと音をたててみる。そうすると、近くのボノボが叫び返すことがある。熱帯の森にいると、何の前触れもなく、どこかで大きな木が倒れることがある。そんな音がしたときも、ボノボは、ヒャーウ、と叫ぶことがある。少し空が曇ってきたと思ったら、突如、ド

離れたパーティの声を聞き、板根をドラミングして応じるノビタ（00:30頃）。
〈動画URL〉https://youtu.be/CRZhszUdkn0

ーンと激しい雷鳴が頭上で轟く。そんなときも、間髪いれずに、ヒャーウ、と叫ぶことがある。森の中で他より先へ行ったオスのボノボが、板根をドドドドンと叩いたりする。そんなときも、ヒャーウ、と叫び返す個体がいる。いないときもある。この叫び声は、何かしらの刺激に反応しての声だが、その刺激に対してなにしろ間髪いれずに声を返すのである。その反射神経のよさに驚くとともに、こいつら何も考えずに叫んでいるな、と思わずにはいられない。

さて、ボノボがばらけて、しんとしてしまったとき、ワンバでならトラッカーが板根を叩いてみる。その音にボノボが声を上げたら、叫んだところへ行って観察をつづける。ワンバで隣接集団を人づけしたときは、板根を山刀でドンドンと雑に叩くのでなく、他のボノボが叩くかのように、両手で小刻みに柔らかく叩いてみたりした。その方が怖がらないからだ。ときには、ボノボを呼び寄せるため、罠にかかったときのダイカーの声をまねて、鼻を指でつまみ、ミャーアーウー、と声を発してみる。これは村人が狩猟のときに使う技なのだが、おもしろいことに、この声を聞くと本当に、様子を見にやってくるボノボがいる。ロマコのボノボのように、ダイカーを狩猟して食べる習慣があると、様子を見に来るボノボの気持ちもわかる気がする。実際にボノボがダイカーを手づかみするのに成功すると、ダイカーは、ミャーアーウー、という声を繰り返すのである。しかし、ワンバのボノボはこれまでダイカーを狩猟したことがない。後でも触れるが、ワンバのボノボが食べる動物は、ムササビのように空中を滑空するウロコオリスだけである。

イヨンジでのボノボの人づけをはじめて一〇ヶ月ほど経った、二〇一一年は五月も終わりのころ、私は興味深い観察をした。そのころ、ボノボを観察する回数は増えていたが、一回の観察はせいぜい二、三時間というのが多かった。つまり、樹上で採食したり休息したりしているあいだは観察できるが、地面に降りて移動してしまうと、うまく追跡できなかったのである。ボノボを見つけたときは、たいてい何個体かが、ヒャーウ、ヒャーウ、と警戒心の混ざった吠え声をあげた。まだまだ人づけの途中で、私の経験からすれば、人づけ過程の初期から中期に至る手前の段階だった。この緊張したヒャーウ、という叫び声が聞かれなくなると、人づけも中盤に入ってきたと言ってよい。

そのころ私は、イヨンジのトラッカーに板根を叩く方法を教えてみた。森を歩いてボノボを探すとき、ときどき板根を叩いてみようと伝えたのである。ボノボが叫び返してくれるかもしれない。もちろん、はじめからそんなことをしたらボノボは逃げるだけだが、そろそろ有効なのではないかと思ったのである。

その週は、うまい具合に二日連続でボノボを観察できていた。つづく三日目のこと、だいたい見つけたいボノボがいる場所はわかっていた。私が一人のトラッカーと森を歩き、別の二人のトラッカーが他の観察路を回ることにした。私のチームは、運よく樹上にいたボノボを見つけ、観察をしていた。その後、一五時五分、南の方でドンドンドンと音がした。数百メートルは離れているだろうか。別チームのトラッカーが、他の観察路で板根を叩いたのである。数秒をおいて、二個体のボノボが、ヒャ、ヒャーウ、と叫んだ。しかし、ボノボの姿はまだ見えなかったのだろう。南の方で、また板根を叩く音がした。今度はボノボの声がない。私はそのとき、観察していたボノボの態度に驚いた。私の頭上にいたボノボは採食をやめ、音をたてずに、じっと動かなくなったのである。そして、一五時八分、北よりの木からオトナオスが降りた。一五時一〇分、また南の方で板根を叩く音だ。私が観察するボノボは樹上でじっとしている。ワンバで見たことのある、散弾銃の音がしたときの態度にそっくりだ。ワンバの森で銃器は違法だが、残念ながら、サルを密猟する散弾銃の音を聞く機会はある。そんなとき、ワンバのボノボも、じっと静かに動かなくなるのである。一五時一三分、アカンボウをお腹に抱えたメスが木から降りて行った。最後に残ったのは、数少ない個体識別されていたオトナオスで、もっとも人によく慣れた個体だった。しばらく樹上で果実の採食をつづけていたが、一五時二六分に木から降り、去って行った。

ボノボを探すとき、板根を叩き叫び返すのを期待する。これはワンバでよくしていることだったが、イヨンジではまだ早すぎたのである。慣れていないボノボは、一度怖がると、じっと動かず静かになり、しばらくして消えうせる。その後の追跡は、まずうまくいかないだろう。ただ興味深いことに、このときは、私ともう一人のトラッカーが実際にボノボのいる木の下にいたのである。果たしてボノボは、何を感じていたのだろう。聞こえた音に怯えたのか、それとも、人間が板根を叩いたことに警戒したのか（イヨンジの森では、これまで聞かれることのなかった音だったに違いない）。それにしても、かれらの真下にいた私も人間である。ボノボがいつもついてくる観察者と他の村人を区別しているのは確かだが、個々の人間をどのように認識しているのだろうか。私はどんなふうにかれらに許してもらっているというのだろうか。

新奇なものへの関心

ボノボは新奇なものを見つけると、とても好奇心旺盛に観察したがる動物である。もちろん、チンパンジーにもそういう面はある。私がタンザニアのマハレで、長いこと人の出入りがなかった森へチンパンジーを探しに行ったとき、私を目撃して逃げたチンパンジーが、しばらくして静かに戻ってきて、離れた木の高いところから私のことを観察していることがあった。また、昔から人の住むことがなかった森の奥深くでは、チンパンジーの人に対する反応は、怖がり警戒するよりも、観察しに来ることの方がふつうなようだ。[3]

ボノボのおもしろいところは、めずらしいものへの好奇心を集団で示すところにある。本章の冒頭の観察事例も、そのような一面を見せていた。人によく慣れたワンバのボノボも、いつものように森を遊動している中で、たまたま村人が丸木舟を作っている場所に出くわしたりすると、そこには作りかけの丸木舟があるだけで村人はいないのだが、ボノボは集団でおっかなびっくり近づいていき、樹上五から一〇メートルくらいの高さから、その丸木舟の周りを取り囲み、たいてい一〇分、二〇分にわたり、ヒャーウ、ヒャーウ、と叫びつづける。同じような集団行動は、幹線路の近くに来て、たまたま行商人の自転車が通りかかったときや、オートバイの音が近づいてきたとき、あるいは、湿地林の中の小さな支流に村人がたまたま停めた丸木舟を見つけたときなどに観察される。ワンバではその後、オートバイへの同じような反応を見る機会はなくなったが、それはオートバイに出会う機会が頻繁になったからだろう。

作りかけのカヌー

イヨンジの話ではないが、二〇一八年にロマコの森でボノボの人づけをしていたときのこと、私がテント

はじめはすぐに逃げてしまうボノボも、人づけの追跡をつづけると、やがて私たちを取り囲むように集まって来て、ヒャーウ、ヒャーウ、と甲高い叫び声を繰り返しながら観察しに来ることがある。
〈動画URL〉https://youtu.be/F4_5UsAd2xU

で寝泊まりする森のキャンプは一〇年以上前からあるものだったが、そこに日中、まだ人に慣れていないボノボが集団で訪れたことがあった。トラッカーは森へボノボを探しに行っていて、私はたまたま、コック兼キャンプキーパーの人と二人でキャンプに残っていた。そのときのボノボは、三〇個体はいたと思われる大きな集団だったが、はじめは数個体、やがて多くの個体が集まってきて、樹上の一〇、二〇メートルの高さから調査基地の中を覗くようにして、ヒャーウ、ヒャーウ、とけたたましい大声をあげて騒ぎ立て、それが三〇分もつづいたのである。この出来事には驚いた。旺盛な好奇心をまとまりよい集団で示すあたりが、なんともボノボらしい性格をよく表している。

3 行動の違いが意味するもの

行動の地域変異に出合う

違いに気づくとき、そこはかとない違和感にハッとする。いや、違和感がよぎることで、違いのあることに気づくのかもしれない。しかし、なぜ私は今、ハッとしたのだろう。私たちの日常には、そのようなスリルが、そこかしこで気づかれることを待っている。

私にとってのボノボは、はじめに慣れ親しんだワンバのE1集団のボノボが典型になっている。一個体一個体、顔も後ろ姿も、私がよく知るボノボたちだ。ワンバではその後、PE集団のボノボ、そして、PW集団、BI集団のボノボが、私の知るボノボに加わった。イヨンジ個体群では、調査キャンプの周辺で出会う一集団のボノボの人づけに努めた。その東側を遊動する別集団の人づけも手掛けた時期があり、何個体か特徴的な個体を識別できた。さらに、西側の別のボノボ集団にも何度か出会う機会があったが、識別できた個体はいない。そのためか、親しみはうすい。

ワンバの森を離れ、イヨンジ個体群の世界へ入り込んでいくと、二つの切り離すことのできない新鮮な驚きに出会う。一つは、ところ違えど、でもボノボ、つまり、この森のボノボははじめて観る者たちばかりなのに、ここにもやはり同じボノボがいるという驚きだ。森を歩いてボノボを探す。

地面に残された食痕を見つけ、樹上に残されたベッドを見る。深い森の奥から甲高い声があがる。それらは疑いなくボノボのものだ。数ヶ所から声が上がる。いくつかに分かれたパーティ間で鳴き交わしている。人に慣れていないボノボたちが、私とニアミスしたために緊張した声をあげた。私の知らないボノボだというのに、藪の奥で繰り広げられているかれらの生活を、私はリアルに想像することができる。かれらもまた、同じような社会構造を持つ集団を作り、同じように声をあげ、食べ物を探し、私の知らない森の中で、やはりボノボならではの遊動生活を営んでいるのである。

考えてみれば、ある一つの集団だって、何十年も経てば、その集団の中で、たくさんの個体が生まれ多くの個体が死んでいく。四〇年前にいた個体は、今やほとんど残っていない。集団を構成する個体は入れ替わる。にもかかわらず、その集団はいつもだいたい同じような構造を有しているのである。他の森であっても、それがボノボである限り、やはり同じような構造を有した社会に生きている。これは、すごいことではないだろうか。

新しく調査をはじめたボノボ個体群で出会う新鮮な驚きのもう一つは、似ているけれど違う、これである。私の身に染みている典型としてのボノボとはどこか違う、そんなボノボと出会うことの驚きだ。これは病みつきになる。人はときに旅をし、日常から離れ、異文化との出会いに眩惑される。似て非なるものとの出会いに心を震わす根っこのところは、よく似ているのかもしれない。違いに出合うことの楽しみには、次のようなものもある。

霊長類学者が発見したサルの行動の地域変異というものから、動物の「文化」という研究テーマが開かれた。ヒト以外の動物に「文化」はあるか、この問いに答えるのは難しい。人間文化は、その定義上、人間以外の動物にはない。一方で、霊長類の「文化」研究の展開が、人間「文化」の再定義を迫ることになれば、それは「人間」というものをこれまでにない角度から照らすことにつながるだろう。

古くは一九五〇年代に、宮崎県の幸島のニホンザルがイモ洗いをはじめたことが注目された。幼いメスがはじめた新しい行動を、やがて他の個体もするようになった。新しい習慣が集団の他個体に広まり、根づいていったのである。[4] それから三〇年、四〇年、アフリカに棲むチンパンジーの長期調査地が増えるにつれ、環境の違いだけでは説明できない行動の変異が次々と発見された。そうして、チンパンジーの文化という表現が市民権を得るようになり、他の類人猿や鯨類の研究者による同様な発見がつづくことになった。[5]

チンパンジーが細い枝を持ってきて、小さい穴に差し込み、中にいるアリたちがその枝に噛みついてくるタイミングを見計らい、うまいこと釣り上げて食べる。そのような高度な知能を必要とする道具使用が、集団ごと、地域ごとに見られたり見られなかったりする。また、道具にする枝の選び方といった微妙なやり方の違いが、個体ごとでなく、集団ごとにあったりする。そう聞くと、サルにも確かに、ヒトと似たような文化があるのかもしれないという気がしてくる。

霊長類研究の成果を踏まえるなら、「文化」の意味するところは、集団の多くの個体に見られ、社会的な学習によって伝播する行動、ということになる。それでも、一つひとつの行動パターンについて、それが「文化」かどうかを問うのは少し了見が狭い気もする。ふつう日本の文化といえば、子供が育っていく中で身につける、その社会の習慣や価値観の総体だったりする。それはそうなのだが、あの、いつもと違う、他とは違うことに気づくときの違和感、驚き、興奮を、まずは比較研究の俎上にのせるところからはじめてみたい。行動の変異について、経験的に確かめられそうな証拠を積み重ねていくことにしよう。

食べ物が違う

イヨンジ個体群の調査をはじめて間もないころ、まだボノボの観察はほとんどままならない状況であったが、思わぬ発見に胸を躍らせた。当時の保護区になる前の森には、村人のガンダがところどころにあって、その中にはキャッサバの畑が開かれたガンダも多く、アブラヤシ、サトウキビ、バナナ、パパイア、アボカド、パイナップルなども植えられていた。ガンダというのは、新しく開いた場合も、たいてい使用期限は数年である。捨てられたガンダは森にいくつもあり、その後、何年かして開きなおしたりする。

イヨンジの森でボノボを探すとき、はじめのころはよく、そんなガンダを訪ねたものだ。ガンダにいつも人がいるとは限らない。村人はルオー川の北側の集落に家を持つので、私から見れば、ガンダは別荘のように感じられる。なぜ私がガンダを訪ねるかといえば、ガンダにいる人にボノボの情報を聞く場合もあるが、それよりも、ボノボの新しい食痕がないかを確認しに行くのである。イヨンジの森のボノボは、人が留守のガンダにアブラヤシの髄を食べに訪れる。近ごろボノボが訪れたかどうかを知るための、手っ取り早い手段なのである。

ある日、あるガンダに行ってみると、アブラヤシの髄を食べた新しい食痕が見つかった。乾き具合からいって、前日だろう。おそらく午前中だ。何本かのアブラヤシで、数個体が時間をかけて食べていった様子がうかがえる。そのアブラヤシの根元の近くに、大きく育ったパイナップルの果実がなっていた。私は驚いた。ボノボがここを訪れたのに、パイナップルが残っている。なぜだ。

ワンバのボノボだったら、パイナップルを見つければ、まだ十分に育っていない小さな実でも、両手でつかみ取り、門歯で皮を剥いで食べてしまう。そこには小さく剥いだ皮が残る。ガンダの持ち主にとっては、大きく育てば売ることだってできるだけに、うれしくない。ワンバのボノボがパイナップルの育ってきているガンダを訪れれば、それこそすべて食べられてしまう。ボノボにしてみれば、そろそろあそこのパイナップルが食べられるかしらと思って訪れるのだろう。しかし、イヨンジの森では、アブラヤシを食べにボノボが訪れながら、大きく育ったパイナップルには、手をつけなかったのである。

イヨンジのトラッカーに聞いてみると、ボノボがパイナップルを食べた痕は見たことがないという。ワンバでは食べるぞと教えると、意外そうな顔をしていた。イヨンジ個体群のボノボは、パイナップルを知らない、食べ物と思っていないのである。となると、疑問がわいてくる。ワンバのボノボは、いつパイナップルを食べるようになったのだろうか。ワンバでは、一九七〇年代半ばから研究者による餌づけがおこなわれてきた。おもにサトウキビが用いられたが、バナナやパイナップルを与えることもあったと聞く。そのときに覚えたのだろうか。たとえばワンバのボノボはバナナを食べるが、それはふつうバナナの木を根元から倒し、その髄を食べるのであって、バナナの実を食べるのではない。それでもワンバのボノボは、バナナの実をあげれば喜んで食べるのだが、これは餌づけのときに覚えたからに違いない。たまにしか畑を訪れないボノボが、実をつけたバナナの木を見る機会はめったにないだろうし、食べてみたらおいしかったという偶然にもとづく機会など、そうそう起こりそうもない。それではパイナップルはどうなのだろう。ワンバのボノボは、餌づけがおこなわれる前から、畑に出てきてはサトウキビを食べていた者たちである。そのころから食べていた可能性もあると思うが、残念ながら確かなことはわからない。

ボノボの肉食の変異

イヨンジの調査が何年かつづくにつれて、ひとつ興味深い行動変異のあることがわかってきた。それは、ボノボが肉食する対象動物の違いである。[6]

ワンバのボノボも肉食はするが、その機会が多くないことは前章でも触れた。一つの集団でせいぜい年に数回といった程度である（二〇一〇年から二〇一四年の未発表データに基づく）。肉食より、狩猟の試みを観察する機会の方が多いが、おもしろいことに、ワンバのボノボでは、ウロコオリスだけが狩猟の対象となる。ウロコオリスを見つけると、目の色を変えて木を駆け上る。しかし、たいていは樹上から滑空して逃げられる。
一九九〇年代後半までワンバと同じように長期調査がおこなわれたロマコでは、ダイカーの仲間がよく狩猟された。同種のダイカーはワンバの森でもふつうに見られ、ワンバのボノボがダイカーと出くわす場面を何度も見たことがある。しかし、ボノボが狩猟を試みるのは、一度も見たことがない。二〇〇〇年代に入ってから調査がはじまったルイコタルでは、どうやら狩猟と肉食がもっと盛んにおこなわれているようだ。肉食の対象には、樹上性のサルも入ってくる。頻度はというと、狩猟・肉食が二つの集団で月に二回くらい観察されるとのことだ。[7]
さて、そのようなことがわかっているところで、イヨンジのボノボである。かれらは、森の獣に対してワンバとは違う反応を見せる。少なくとも二種のダイカーを食べるのが確認されたのである。また、樹上性のサルを食べることも確認された。ボノボによるサル食は、ルイコタル以外でははじめての記録になる。
残念ながら、イヨンジのボノボは、まだ人づけ過程にあった中、二〇一六年に集中調査が終了した。そのため、これ以上の詳しいことはわからない。ただ、ワンバの森と違いがあるとすれば、それは狩猟対象になりうる動物の密度である。ダイカー類もサルの仲間も、ワンバの森と比べると、イヨンジの森の方が高い密度で生息している。[8] イヨンジの調査地は集落から離れた森にあるため、集落に近いワンバの森より狩猟圧が低いのだろう。今の段階では思いつきの仮説にすぎないが、遭遇する機会の多い動物の方が、何かをきっかけに新しい狩猟対象にする確率が高いのかもしれない。あ

表3　ボノボによる肉食対象の調査地間の比較

記録のあるものを○で記し、対象種がはっきり確認できていないものは(○)で記す。

調査地 (調査期間)	ワンバ (1974-2019)1	ロマコ (1974-98)2	リルング (1988-90)3	ルイコタル (2002-17)4	イヨンジ (2010-16)5	イエマ (2010-20)6	ココロポリ (2016-20)7
ベイダイカー (*Cephalophus dorsalis*)		○		○	○	○	○
ズグロダイカー (*Cephalophus nigrifrons*)		○		○			
ウェインズダイカー (*Cephalophus weynsi*)				○		○	
ブルーダイカー (*Philantomba monticola*)				○	○	○	○
アカコロブス (*Procolobus rufomitratus*)				○			
クロカンムリマンガベイ (*Lophocebus aterrimus*)				○			
アカオザル (*Cercopithecus ascanius*)				○	○		
ウォルフグエノン (*Cercopithecus worfi*)	*			○			
デミドフガラゴ (*Galago demidovii*)				○			
ウロコオリス (*Anomalurus derbianus* and/or *A. beecrofti*)	○		○		(○)		○
コウモリの仲間 (*Eidolon* sp.)			○				
キノボリハイラックス (*Dendrohyrax dorsalis*)						○	
ハネジネズミ (*Petrodromus tetradactylus*)		○					
リスの仲間 (*Funisciurus congicus*)		(○)		(○)			○

1 Ingmanson & Ihobe 1992 [9]; Ihobe 1992 [10]; 田代 2001 [11]; Hirata et al. 2010 [12]; 坂巻の観察

2 Badrian et al. 1981 [13]; Badrian & Malenky 1984 [14]; Hohmann & Fruth 1993 [15]; White 1994 [16]; Fruth & Hohmann 2002 [17]

3 Sabater Pi et al. 1993 [18]; Bermejo et al. 1994 [19]

4 Hohmann & Fruth 2008 [20]; Surbeck & Hohmann 2008 [21]; Surbeck et al. 2009 [22]; Fruth & Hohmann 2018 [23]

5 Sakamaki et al. 2016 [24], 坂巻の他の観察を含む

6 Wakefield et al. 2019 [25], 坂巻の観察

7 Samuni et al. 2020 [26]

＊2013年3月の研究者不在中、PE集団でトラッカーにより観察された事例が一例だけある。

るいは、かつて狩猟対象とした動物でも、その動物と遭遇する機会が減ると、その習慣が世代を超えて伝播することが難しくなるのかもしれない。表3に、これまで報告のあるボノボの肉食対象を、調査地ごとに並べてみた。これを見ると、ダイカー類は汎ボノボ的な狩猟対象であったが、ワンバではその習慣が廃れてしまった、という仮説も考えられる。リルングでもダイカー類の狩猟はないが、調査期間が数年と短いために観察されなかっただけかもしれない。狩猟と肉食の地域変異がどのように生じ維持されるのか、そのメカニズムは、まだほとんどわかっていない。

チンパンジーと違う集団間の行動変異

前章で述べたように、私はワンバで隣接集団のボノボを調査してきた。そのはじめには、E1集団と違う行動パターンが隣の集団で見つかるのではないかと期待していた。というのも、私はかつて、タンザニアのマハレのチンパンジーで、長期調査の対象であるM集団に隣接するY集団の調査をおこない、その人づけはなかなか思うように進まなかったが、Y集団のチンパンジーが残した食痕の中に、M集団のチンパンジーがいつも目にしながら食べることのなかったツルのしがみかすを見つけたのである。それだけではない。Y集団のチンパンジーが食べているものを調べるため、糞を見つけてはキャンプへ持ち帰り、ザルを使って水で洗い、糞の内容物を確かめていたのだが、その中に、M集団のチンパンジーがめったに食べることのないアリが頻繁に含まれていたのである。[27] これには驚いた。隣接する地域なだけに、M集団の遊動域とそう環境が変わるわけではない。にもかかわらず、調査をはじめてすぐに、二つの新しい採食習慣が見つかったのである。

それでは、ワンバのボノボの隣接集団ではどうかというと、これまでに集団間で違うところは見つかっていない。行動の違いは、些細で微妙な行動、まれに観察されるだけの行動にあるかもしれないので、より詳細な行動観察が長期間積み重ねられることで、新たな発見が見つかるかもしれない。しかし、マハレのチンパンジーで見つかった採食品目のような違いは、ワンバのボノボの集団間では見つかっていない。


このことには、チンパンジーとボノボの集団間関係の違いが関係しているのかもしれない。つまり、ボノボでは異なる集団どうしがよく出会い、そのときは異なる集団の個体が混ざり合って、同じ木で採食することもあれば毛づくろいもする。そのような状況では、集団の異なる個体の行動が互いの目にさらされていて、そのことがそれぞれの集団の行動を均質にするのかもしれない(ただし、隣接集団で狩猟行動の異なることが近年報告されている[28])。一方のチンパンジーは、異なる集団どうしは数百メートル離れた距離で叫び合うくらいで、近い距離で出会うことを避ける。近づいたとしても、ボノボのようにゆっくり落ち着いて一緒のときを過ごすわけではない。

チンパンジーもボノボも、メスはふつうワカモノ期に集団間を移籍する。しかし、そのことが他の集団に新しい行動を持ち込む機会には、なかなかならないようだ。周りの多くの個体が共有する行動パターンを、それを知らない外から来た一個体が新しく身につけることは起こりやすいのだが、一個体だけがする行動パターンを、それを知らない周りの多くの個体が身につけるというのは、なかなか起こりにくい。[29][30][31] ただしチンパンジーでは、移入メスが新しい集団に新たな行動を広めたと思われる事例も報告されている。[32] 加えて、本書で詳しく触れるゆとりはないが、マハレのY集団というのは、どこか別の地域から遊動域を移してきた集団のようで、私が調査した当時にM集団と遊動域を隣接させていたとはいえ、かつては集団間の距離が遠く離れていた可能性がある。[33] 二つの集団の距離が遠く離れていればいるほど、そして、生息地の環境に違いがあればあるほど、一方の集団に定着しながら他の集団で見られない行動パターンのある可能性は高くなるだろう。

4 社会進化の謎を問う

社会が進化するとはどういうことか

この章の最後に、少し専門的な話にはなるが、霊長類社会の進化について、つまり、社会の多様性を生じさせる選択圧について解説し、つづいて、チンパンジー社会との違いを整理しながら、ボノボ社会の進化についての仮説をいくつか紹介することにしよう。

それにしても、社会が進化するとはどういうことか。それは、元あった社会から少し違った社会が生じる、ということである。どうしてそんなことが起こるのか。それは、そのような変化を生じさせる何かしらの選択圧が働いたから、と考えるのである。それでは、選択圧とは何か。いくつか例を挙げながら説明してみよう。

集団を生み出す要因、つまり、群れることを促す選択圧の一つは、捕食者の危険である。かつて、新生代のはじめに適応放散したときの最初期の霊長類は、体は小さく夜行性で、樹上生活をしていたと考えられるのだが、そうすると、捕食者に対しては、できるだけ見つからないようにするという戦略を取っていただろう。飛び跳ねるという移動様式で逃げ足の速いものもあったかもしれない。ここで戦略（strategy）というのは専門用語で、ある生物が生存と繁殖のためにとる環境への適応のことである。その後、進化のどこかの過程で、夜行性から昼行性へ移行する霊長類が現れた。そのときには、日中の方が捕食者に見つかりやすいので、それまでとは違った対捕食者戦略が求められた。そのおもなものが、集団をつくることと、体を大きくすることであった。擬態や隠ぺい色、外殻や臭いといった防衛機能を身につける戦略は、霊長類では採用されなかった。群れていると、捕食者に見つかりやすくはなるが、捕食者を監視する目を増やせるし、逃げるときに捕食者を攪乱することもできる。また、体が大きければ、小さい捕食者に食べられることはないし、大きな捕食者にも対抗できるようになる。

何を食べるかも選択圧として重要で、昆虫食か果実食か葉食かといった、おもな食べ物の種類に応じて、消化管の長さや体のサイズは変わってくる。食べ物の分布の仕方によっては、群れる集団の大きさを変える必要も生じてくる。また、食べ物の探索と処理、採食と消化にかかる時間に応じて、一日の活動時間配分は変わる。たとえば葉食であれば、食べ物はまんべんなく見つかるかもしれないが、消化に時間がかかるので、じっとしている時間が多く必要になる。

また、集団生活をうまくやっていくには、社会交渉に割く時間が必要とされるのがふつうだ。イワシのような没交渉の烏合の群れというのもあろうが、霊長類の集団は日々の社会交渉に裏打ちされた何かしらの社会構造を有しているのがふつうだ。採食と消化に多くの時間が割かれる場合は、社会交渉の時間に上限が生じ、そのことが、複雑な構造を有する大きな集団を形成する障壁になるかもしれない。

捕食者や食べ物という外的な環境にある選択圧だけでなく、社会という環境の中にも、社会の多様性につながる選択圧が生じうる。哺乳類はメスがお腹の中で胎児を育て出産後も授乳するので、繁殖のコストはメスに大きくかたよる。そのため、オスとメスでは異なる繁殖戦略を取ることになり、そのことが社会にかかわる選択圧の働き方を複雑にする。卵を産み温め、孵化後はヒナに給餌する鳥類と比べると顕著になるが、霊長類では妊娠と授乳はメスにしかできないため、オスが子育てに関与する霊長類は極めて少ない。メスの発情再開の時期を早めるオスによる子殺しという戦略があり、これは別のオスの子を宿し産んだメスに自らの子を産んでもらうときの戦略になるのだが、これに対して、メスの方は特定のオスに防衛してもらうという戦略をとることがある。オスの子殺しに対抗するメスの戦略は他にもあり、それぞれの種の違った戦略に応じて、それぞれに違った社会遺伝的な分析が必要となる。

ここで集団とは何かということを考えてみると、社会組織として観察されるものが社会集団であり、単独生活者は別にしなければならないが、これがオスとメスを含む繁殖の単位となる。集団間の移籍という、子供が親元から分散することの機能は、近親交配を避けるためとするのが有力な仮説の一つだ。近親交配は、有害な劣性遺伝子をホモ結合にする可能性を高めてしまうため、少なくともどちらかの性が親元から離れるという傾向が進化的に生じやすい。親元から分散する個体にとっては、集団というものが移出入する単位となる。

社会組織とメイティング・システムは、社会構造との関係に比べると、より緊密に関係している。たとえば、単雄複雌の集団をつくるゴリラは、めったに交尾せず、睾丸は小さいが、複雄複雌集団のチンパンジーは、日に何度も交尾が観察され、睾丸は大きい。[48]ちなみにヒトはというと、ボノボのオスの睾丸を見るたび思うが、私たちはボノボに負ける。その一方で、テナガザルやボノボのようにペア外や集団外で交尾の見られる種があるし、ニホンザルのように繁殖期に一時的に集団の輪郭が不安定になるサルもいる。集団というものの説明は、一筋縄にはいかないものである。

Column 6

進化する社会の三つの側面

生物の進化は、霊長類社会の多様性をどのように生み出すのか。社会の多様性を、次の三つの側面、つまり、社会組織、社会構造、メイティング・システムに区別することが、それぞれに働く選択圧を整理する糸口になる。[47]

社会組織とは、集団を構成する個体数と性構成のことである。集団の離合集散する程度が激しかったり、単独でいる時間が長かったりすると、その動物がどのような社会組織を作っているかを知るのは容易でない。しかし、ふつうはだいたい、ぱっと見て観察される集まりが、その種の社会組織である。次に社会構造とは、集団において繰り返される社会交渉のパターンのことである。その結果は、社会関係として表現される。旧世界ザルと類人猿のメスの採食競合の研究から、メスが出自集団に残り、血縁個体をひいきする直線的順位が見られるタイプ、メスが集団を移籍し、順位や連合があやふやなタイプ、などが確認されてきた。前者の典型はニホンザルで、後者はチンパンジーということになる。最後にメイティング・システムとは、集団における繁殖の仕組みのことで、オスとメスの子づくりにかかわる具体的な社会交渉と、遺伝的な繁殖結果からなる。前者は交尾やそれに関連する社会交渉として観察でき、後者も母親が誰かは観察可能であるが、誰が父親であるかを確かめるには、ふつうの形が生み出されることになる。

他にも、採食に必要な移動コストや集団間の採食競合は、集団サイズに影響する。脳の新皮質サイズは、集団サイズの上限を決める。頭がよくないと、大きな集団でやっていくのは難しいらしい。また、誰と群れるかには、血縁の近い個体が好まれるという進化的な一般的傾向があるが、霊長類ではそうでない例もある。ボノボのメスはその一例だ。群れることで生じる寄生虫や病気の感染という問題も、生存と繁殖に大きな影響を与えうるので、社会はそのことにも進化的な対処をしているはずである。

ボノボとチンパンジーの社会の違い

さて、今見てきたように、さまざまな選択圧が社会のいろいろな側面に働くと考えられる。だから、社会の多様性を生み出す進化のメカニズムを解き明かすのは容易でない。先のコラムで、社会を三つの側面、つまり、社会組織、社会構造、メイティング・システムに区別する考え方を紹介したが、これらにはそれぞれ違った選択圧が働きうる。[34] ここでは、この三つの側面にそって、ボノボとチンパンジーの社会の違いというものを整理してみよう。

まず社会組織について、ボノボは、複数の成熟オスと複数の成熟メスが一つの集団を作り、集団には未成熟個体が含まれ、全体では二〇個体から五〇個体くらいの集団をつくる、ということになる。集団の成員はいつも一ヶ所にまとまっているわけでなく、採食のための小さいパーティに分かれたり、夜の寝場所もいくつかのパーティに分かれたりする。オスとメスの数は、ほぼ同数の例が知られ、オスの方が少ないチンパンジーと異なることが注目されるが[35]、私の知るところでは、オスの数が少ないボノボ集団もそれなりに見られる。集団間を移籍する年ごろの若いメスを別にすれば、誰もがどこかの集団に属していて、集団に属さない個体は見られない。

チンパンジーの社会組織は、ボノボとよく似ているが、小さな違いはいくつかある。一〇〇個体を超えるような大集団が確認されているのは、チンパンジーだけである。オスとメスの数についでは、オスの方が少ない。これは、オス間の闘争の激しさや対象がオスにかたよる子殺しのあることが、オスの死亡率を高めていることによるのかもしれない。ボノボでは、チンパンジーとは対照的に、子殺しをはじめとする同種殺しは、疑わしい例はあるものの明確なものは確認されていない[36]。

次に社会構造であるが、ボノボで注目されるのは、メスどうしの結びつきである。メスたちは出自集団を異にするにもかかわらず、よく一緒にいて、毛づくろいをよくし、見るからに仲がよい。オスはメスと違って出自集団で一生を過ごす。別にオスどうしの仲が疎遠なわけではなく、やはりオスどうしも一緒にいることが多い。パーティの周辺へ目を向けると、オスたちが何個体か一緒にいるところをよく見かける。私は、あのほっとする感じに、少しあこがれる。またオスは、オトナになっても母親との結びつきが強く、多くの個体が分散してしまうときも母親と一緒にいることがほとんどだ。オスどうしのケンカのときには、母親が助けに入り、他のオスをたたき出し、追い払ってしまう。だから、息子をめぐって母親どうしのケンカに発展することもある。そのときはもう、ボノボ集団で見られる最たる大騒ぎとなる。ボノボのメスは肝っ玉がすわっていて、何個体か子供を育ててきたメスというのは、オスが強さを誇示するディスプレイをしても、まったく動じることはない。その場で採食をつづけることがほとんどだ（オスがディスプレイをよくするのは、果実のなった採食樹に到着し、みなで採食をはじめるときである）。あんまりうるさい若いオスは、オトナでもわりと若い年代のメスにしばしば追い払われる。

このようなボノボの社会構造は、チンパンジーとの間でいくつかの明瞭な違いが見られる。チンパンジーには、パントグラントと呼ばれる挨拶行動があり、ケンカの強い個体が受け手になる。この服従挨拶の方向により、オトナオスが他のメスや未成熟個体より優位な地位にあることが示される。もっとも強いアルファオスの地位が安定しているときは、その存在感は大きく、他個体の服従挨拶を一身に集める。どこかで騒ぎが起こればしずめに行き、狩猟で肉が得られれば力づくで奪い、肉分配の核となる。アルファの地位を奪取、維持するのに、二個体のオスが同盟関係を作るのもチンパンジーらしいところだ。オスたちの政治的なかけひきは、だいたい二対一の形を取る。私は、肩で風切り歩くようにディスプレイする、やくざ映画を彷彿とさせるチンパンジーのオスたちに、あこがれたものだ。メス間の関係はというと、よく一緒にいることが多いメスというのはあるが、ボノボのように集団の中心として存在感を示すほどの集合性は見られない。母親と成人した息子の関係も、ボノボほどの徹底した強いつながりは見られない。

最後にメイティング・システムについては、チンパンジーとボノボのあいだで大きな違いはない。

チンパンジーは、ボノボと同じように、交尾は全般的に乱交的だが、アルファオスによる特定のメスとの交尾を独占しようとする行動は見られる。そのときの特定のメスへの執着は、ボノボより強烈に見える。それだけ他のオスから守るのがたいへん、ということだろう。しかし頑張っていても、他のオスがすきを見ては、ささっと交尾してしまう。アルファではないオスが、特定のメスを引き連れて、交尾を独占するために、二個体だけで数日から一週間くらいの旅に出てしまうことがあるが、このような交尾パターンは、私はワンバのボノボで見たことがない。DNAによる父子判定の結果は、ボノボとよく似ていて、アルファオスがもっとも多くの子を残していたが、その割合はボノボの方がまさっていた。[37][38]この違いは、チンパンジーではオス間の争いが激しいこと、ボノボではメスが相手を選んでいるかもしれないこと、などが関係していそうだ。ボノボのメイティングにおけるメスによるオスの選択については、まだ詳しい研究がない。

ボノボの社会はなぜ今あるように進化したか

霊長類社会の多様性を進化的に説明する考え方を紹介したが、考えなければいけないことがたくさんあって、難しく感じられたかもしれない。社会の多様性と環境の関係をテーマとする社会生態学は、旧世界ザルと類人猿の研究を中心に発展してきたので、まだわかっていないことは多い。DNA、匂いやホルモン、寄生虫や感染症といった、すぐには目に見えないものの研究は、まだまだこれから発展していく分野である。全体を見通すシンプルな説明に、私たちはまだたどり着いていていないのかもしれない。とはいえ、さまざまな選択圧が絡み合い、いろいろな対象に働いたとしても、それぞれの種が系統関係を反映した、それぞれに特徴ある集団構造を有すことを思うと、いくつかの選択圧がセットになって働くということが起こっていて不思議ではない。

ここでは、ボノボ社会の進化を説明する仮説をいくつか紹介しよう。それぞれの仮説を組み立てている要素のいくつかは、仮説を横断して関連し合っているところがありそうだ。おそらく、さらなる検証が進むにつれて、いくつかの仮説が補い合い、さらに洗練された仮説が提示されることになるだろう。進化のシナリオを描くとは、どういうことかの一端を知る助けになればと思う。

ボノボがチンパンジーと異なることに気づかれた初期のころから、幼形保有という考え方が注目された。つまり、発達パターンのタイミングが変化することが起こり（ヘテロクロニーと呼ぶ）、ボノボとチンパンジーで共通するコドモの特徴が、ボノボではオトナになっても見られるようになったという仮説である。幼若化（juvenilization）とも呼ばれる。その特徴には、華奢で小さな頭蓋骨、お腹よりに位置するメスの性器、オトナになった後もつづく母と息子の強い結びつき、個体間の高い寛容さ、頻繁な食物分配（子育ての給餌が大人にまで引き延ばされたと考える）などが挙げられる。[39][40]

野生ボノボ研究の第一人者である加納隆至は、チンパンジーで見られる子殺しがボノボで見られないことに注目し、チンパンジーと異なるボノボの社会的特徴の多くは、メスによる子殺し防止戦略によって生み出されたと考えた。[41]その戦略として、ボノボのメスはチンパンジーより性的な受容期間を長期化し、オスに対してメスどうしが同盟を組むようになり、他集団の個体とも交尾をする

子供の遊び

ボノボのコドモはよく遊ぶ。ワカモノも派手によく遊ぶ。オトナは同じようには遊ばないが、性器接触の行動パターンを多く持つのは、幼若化にともなう遊びの延長とも考えられる。

ことで父性をより攪乱するようになった、というわけだ。さらに、加納と同じワンバで調査してきた古市剛史は、とくにボノボのメスが受胎の可能性のない期間にも性皮を腫脹させることに注目し（これを「疑似発情」と呼んだ）、遺伝的な変化としては小さい、メスの生理に関する変化が起こるだけで、社会のさまざまな側面での変化が起こりうるのではないかと考えている。[42]

ボノボの認知心理学的研究をけん引するブライアン・ヘアーらは、ボノボの「自己家畜化仮説」というものを提出している。[43] オオカミからイヌが進化する過程で、人が意図的に交配するようになる前に、人間の集落に近づくことのできる、攻撃性が弱くて寛容さの高い性質が選択される段階があったことに注目し、それと同じように、ボノボは自然下において、攻撃性が弱まり寛容さが高まるような進化が起こったのではないかと考えた。そこでは、採食競合の緩い環境が外的な要因としてあったと仮定されている。家畜化された動物では、行動、形態、生理、認知などがある方向に一斉に進化する可能性があり、「家畜シンドローム」と呼ばれる。ボノボの幼形保有的な特徴は、家畜化動物を連想させるという。

ボノボ社会では、メスたちが凝集しやすいことから、ボノボの生息環境は、チンパンジーのそれより採食競合が起こりにくい条件にあると考えられる。その一方で、重要なのは、現在の環境よりも、ボノボ的な社会特徴が進化した過去の時代の環境だろう。コンゴ河を挟んだボノボ生息地の北側の熱帯林には、チンパンジーが生息している。チンパンジーが東アフリカのタンザニアのような乾いた環境へ生息地を広げたのは、チンパンジーの亜種が分岐する中でも、もっとも後になってからであることが遺伝的な研究でわかっている。[44][45] チンパンジー研究を端緒に霊長類の社会生態学をけん引してきたリチャード・ランガムは、次のように考えている。つまり、コンゴ河の北側では、互いに競合相手となるチンパンジーとゴリラが同所的に生息しているが、ボノボの祖先はゴリラのいないコンゴ河の南側に進出し、採食競合の緩い環境で生きつづけることができた。このことが、メスの集合性が高い現在のボノボ的特徴の進化を促す基盤となった、というわけだ。[46]

人類の進化史で複数の祖先種が分岐し、チンパンジーとボノボの祖先も分岐した更新世という時代は、地球規模の寒冷化が繰り返された時代で、アフリカ大陸においては、寒冷化にともなう乾燥化で、鬱蒼とした熱帯林は全体の範囲が縮小するということがいくども繰り返された。ボノボが進化した時代の環境を考えるには、競合相手の存在と同時に、ボノボの祖先が生存したリフュージア（避難地的な森のこと）がどれくらい豊かであったか、あるいは、一年の中で季節的に厳しい時期がどれくらい限定的もしくは長期にわたったか、が重要なポイントとなる。現在も、熱帯林の周縁のより乾燥した地域に生息するボノボの調査がいくつか進められている。現在のボノボはどれくらい厳しい環境に適応しているのか、そして、厳しい環境、厳しい季節にどのような戦略をとるのか、これらの答えを得るためにも、それらの調査の進展が待ち望まれるところである。

5章

ボノボの保全

1 自然のあいだから

森に生きる五感

まだ闇の満ちる静けさのなか、ほのかな虫の音を肌で聞きながら、木々が天空をさえぎる森の観察路を歩く。空が明らむにつれ、木々のすき間に遠近感が現れる。モノクロの世界に彩りが浮かび、小鳥のさえずりが朝を連れてくる。生きる脈動が、そこかしこに顔をのぞかせる。

一歩一歩テンポよく、足の裏をやわらかな地面に置いてゆく。かかとに落とした重力の跳ね返りを親指のつけ根でつかみ、その上に体の重心を滑らせる。自然のつつましやかな清気が、身体の芯を流れていく。足の運びは、意識するより前に観察路の落木をよける。小さくつまずくと、そこになかったはずの物が視界に現れる。ときに首を傾け、張り出した小枝をよける。地面の小枝も、つま先をずらしてよける。獣を追うときのように。

数ヶ月ぶりに日本からワンバに戻るたび、いつも村は留守中の問題でごった返す。村人と怒ったような大声で語り合う。ここの人たちは声が大きい。感情の表出も大仰だ。日常の会話だけで、日本にいるときの倍くらいカロリーを消費するのではないかと思ってしまう。そして頭の思考は、かれらの論理に少しずつなじんでいく。そうそう、この感じ。

騒がしい一夜が過ぎて、私はワンバの森に戻ってきた。

久しぶりに森に入ると、森の感覚がよみがえってくる。どうしてこの感覚を忘れていたのか、といつも思う。ワンバを去る前、今日が森の最後という日、たとえ日本に戻ったとしても、この森の感覚だけは身体に残して生活したい、そう心に誓う。しかし、その誓いを思い出すのは、いつも森の感覚がよみがえる、この瞬間だ。

我が身を置く場所が変われば、それぞれの土地に感じる響きやわき立つ薫りは変わる。土地になじむとは、一朝一夕になせる業ではない。土も水も畑の作物も、その土地の響きをかもしている。身体が響応しない頭にあるだけの記憶というのは、なかなか呼び出されにくいのかもしれない。

久しぶりのワンバ村も、何日か経ち落ち着いてくると、私は一週間分の食料を持って森の奥へと入る。ルオー川をカヌーで渡り、通いなれたイヨンジの森へ向かう。隣の個体群の調査だ。あるいは、ワンバ村から森を西へ進み、ビインボ川のガンダへ向かう。こちらは隣接集団の調査だ。気心の知れた数人の調査助手と森で過ごす。早朝からボノボを探し、日が暮れたら川で体を流し、テントを張ったガンダの跡地で夕食をとる。村の調査基地と違い、人は少なく静かなものだ。

村の調査基地から森の中のガンダに移ると、日本からワンバ村に戻ったときと、また少し違った森の感覚がよみがえる。身体が森に溶け込んでいく感じ、とでも言おうか。荷を担いで森を歩きはじめると、いつもと違う緊張感をまといながらも、ふっと身体から無駄な力が抜ける。ちょっとした覚悟の上に、懐かしい感覚がよみがえる。森の道すがら、獣の足跡なんかが地面から浮き上がるように私の感覚に飛び込んでくる。一週間くらいなら着替える必要のない衣服が、しっくりと肌の感覚をまとってくる。村では汗臭い服は着替えるが、森では大して臭いもこもらない。夜は香を焚くように、薪の火で服を乾かす。

森に入ると、心は静まる。ガチャガチャと騒がしかった頭も静かになる。トラッカーの後について歩くときは、ついつい考えごとをしてしまいがちだ。わりと自由な気づきに開かれることもある。それが一人で森を歩くと、頭の中の考えごとは止まる。なぜか。五感のすべてが、精いっぱい外へ向かうからだ。道を間違えてはいないか、足下にヘビはいないか、近くを獣がうろついていないか、ボノボの痕跡を見落とさないようにしなきゃ、頼れるトラッカーはいない。いつボノボの声が聞こえるかしれない、自分の耳が頼りだ。静かに耳を澄ます。ささやかな音に耳を傾けると、自然と目はつむってしまう。音は肌でも感じられる。考えごとをしていると感覚はにぶる。感覚が外界へ研ぎ澄まされるとき、頭の中から思考は消える。

身の危険を感じられるからこそ、しかるべき恐怖を覚える。一人の森歩きに慣れていないとき、はじめは恐怖がまさる。私たちには、身の危険を察知する感覚がおのずと備わっている。この感覚をおろそかにしてはいけない。フィールドには危険がともなう。でも、生活がいつも恐怖に終始するわけではない。私たちには、慣れという素晴らしい能力が備わっている。慣れは重要だ。危うい慣れもあるが、適当な慣れは必然だ。生きるとは喜びなのだから。

恐怖を喜びに変える五感の訓練には、一人の経験がものをいう。でも、訓練のすべてが一人ではつらい。お手本があるとよい。信頼できる師があると学びは早い。森で生活する村人を見ればよい。確かにここで生きている人がいる。ああ、それでいいんだ、そんなんでいいんだ、と身をもって知ることができる。もちろん、不慮の事故は起こる。森の達人であるはずの村人が、毒ヘビにかまれて亡くなることがある。私から数百メートルのところで、落雷が人をあやめたこともあった。だから、まねていれば大丈夫、絶対に安心、そういうことではない。都市生活の達人だって、いつどこで交通事故に出くわすかわからない。

あいだに立つ

私はワンバの森に親しんできた。身体はそのことを知っている。その一方で、日本のニュースが届かない生活をだいぶ繰り返してきたから、日本人ならふつうは知っているような事件を知らなかったりする。日本中を騒がせたニュースも、数ヶ月も経ってしまうと、後で知る機会はなかなかないものだ。年末を日本で過ごすと、その年に報道された出来事を特集してくれるので、私には都合がよい。それでも、当時の雰囲気を知るには限界があって、必然、記憶も残りにくい。

どうやら、日本には疎くなってきた。それでも私はワンバ村にいて、このコンゴの国にいて、いつもよそ者の異邦人だ。異文化に生きている。どっちつかずのところで、常識という感覚がゆれる。私は価値観を誰と共有できているのだろう。

ワンバ村で起こる問題や言い争いを目撃すると、はじめての人はたいてい面食らう。日常的な些細な言い争いが、たいへんな大ごと、大問題の騒ぎに見えてしまう。これが調査基地の運営に半年、一年と身を投じていると、面食らっていた出来事が日常の一コマとなる。さらに二年、三年とつづけていると、いざこざの内実がわかるようになる一方で、我が身はすでにその騒ぎにからまれている。それでも、まわりで起こる問題に慣れることはない。いつも必死に対処するだけだ。

村の問題とかかわるようになり、知ったことは多い。たとえば、村人が役人へ抱く不信はその一つだ。この国の歴史を思えば納得もいく。にもかかわらず、村人のあいだで問題が起こると、何かと村人は役所に訴え出る。訴えを受けると、役人は仕事だから、村まで来て事情を聴き、調書を作る。そのときの役人の泊まるところ、食事の世話は、村人の義務である。各集落には、役所から指名された班長のような人がいて、役人の世話を積極的に担う。役人は村の人間ではない。他に逃げ場のない土地にあって、例外なく横柄で偉そうな態度を取る。そうでない役人を見たことがない。

役人が事情を調べた後は、訴えた方と訴えられた方の両方に支払いの命じられるのがふつうだ。村人が現金を持っていることは少ない。ニワトリ、アヒル、ヤギなどで支払われたりする。そうして支払われたものは、役人の生活の糧になる。問題の原因が解消されることは、あまりない。何が罰せられたのか、役人の決定を聞いてわからないことは多い。それでも当事者の治まらなかった気持ちは、一連の手続きを経ることで、どこかでケリがつくのだろう。納得がいかない、怒りの治まらない人があれば、郡の次は県の役所へ、県の次は州の役所へ、と訴えを上げることができる。そうすると、より偉い役人が、より遠くから来て、問題は長引き、村人が払うお金は桁違いに上がっていく。

過度の面目と嫉妬心が、人と人のいざこざを見える形にする。すべての人とはいわないが、人間の欲はお金にわき立つ。お金のあるところに人々の欲は集まる。人々の欲が集まるところに葛藤が生じ、当事者のあいだで解決できない葛藤が問題となる。ワンバの調査基地では、月末に給料を支払う。個々の調査助手が月末に受け取る現金は、その家族へ、その身内の家族へ、あるいは物を都市部から運んでは売りに来る商人の元へと流れていく。月末の基地の外では、物を売る人が出店を広げ、借金の返済を求める人が集う。役人の手当が何ヶ月も遅れることがざらなこの土地で、私たちの調査基地では、ある一定の現金が毎月必ず支払われる。ましてや、小規模ながらも、地域の医療や教育関連などの支援もおこなっている（コラム7を参照）。だから、問題の起こる理由に事欠かない。

ワンバ村が位置するルオー郡やジョル県の役所の長からは、あなたたちのいるワンバ村は本当に問題が尽きないな、と言われる。問題の一端を当の役人が助長している面もあるだけに、そう平静に聞き流せる言葉ではないのだが、ついつい私も、お金のあるところで問題が尽きないのは世の常でしょ、と答えたくなってしまう。

私は問題の尽きないこの村にいて、少しずつ身につけてきた立ち居振る舞いのコツというか、クセみたいなものがある。それは、あいだに立つ、ということだ。

村人と話していれば、役人の悪口はしょっちゅうだが、そのときは村人の側に立って話を聞く。役人の肩を持つわけではない。かといって、村人の肩を持つのでもない。でも、役人の問題をネタに、村人と一緒になって盛り上がる。他方、役人と話すときは、村の問題や村人の悪口を聞くことになるが、そのときは役人の立場に立って、村の問題をネタに盛り上がる。でも別に、役人の肩を持つのではない。悪口の対象になっている私の知人に肩入れするわけでもない。そんなふうに、私はいつも、あいだに立つ。どちらの側にも味方しない。どちらの側にも味方する。これは、優柔不断ではない。たんに私は、村人ではないし役人でもない、それだけのことだ。

同じようなことは、村人と役人のあいだでなく、村人と村人のあいだでも起こる。たとえばワンバ村の人たちは、北に隣接するセマ村の人たちと、ときに仲が悪かったりする。もちろん姻戚関係を結んでいる人も多く、仲が悪いというのは一面的な見方にすぎない。とはいえ、セマの人たちの中には、日本人研究者がワンバで調査し、セマよりワンバを多く支援することをよく思わない人もいる。他方、ワンバの人たちは、しょっちゅう私に、セマの人たちはサルもボノボもみんな狩って食べてしまう、ボノボを守っているのは私たちワンバの人間だ、だからセマの人たちに支援はするな、セマに回すお金があるなら、すべてをワンバに寄こせ、と訴えてくる。ああ、なんて了見のせまい……。ルオー保護区に隣接する村だからこそ、セマの人たちにも保全の意味を考えてほしい、そのような期待があって支援をつづけているというのに。こんなとき、共通の外部であるセマに対し、ワンバの五つの集落の人たちは団結する。そして私は、ワンバとセマのあいだに立つ観察者となる。

セマに対して一致団結するワンバであるが、ワンバ村の中では、また違った様相が現れる。私た

1週間の調査に向かう筆者ら。

ちの調査基地は、ワンバ村の南端のヤエンゲ集落にある。調査助手は村のすべての集落から雇うようにしていて、そうしないとワンバ村がもめるからなのだが、それでもどうしても、通う距離が近いヤエンゲ集落の雇い人が多くなる。一方で、村でもっとも大きなポピュレーションを持つのが北の端にあるヨコセ集落で、世襲制の村長がいるのもこの集落だ。そのヨコセ集落の人たちは、しょっちゅう私に、ヨコセの人間をもっと雇ってほしい、支援のお金はワンバの中心のヨコセに持ってくるべきだ、と訴えてくる。一方のヤエンゲの人たちは、日本人研究者を受け入れているのは私たちだ、ボノボがたくさんいるのも、そのボノボを守っているのもヤエンゲの我々だ、だからヨコセの人たちのいうことは聞かなくてよい、そんなふうに言ってくる。このように、対ヨコセとなったとき、ヤエンゲの人たちは、北隣りのヤソンゴ集落の人たちと結託し、両集落のつながりの強さをアピールする。確かに隣接し合うヤエンゲとヤソンゴは、他の集落とよりも血縁のつながりが強いようだし、日本人の基地で働くヤソンゴの人はヤエンゲの次に多い。しかしこれが、実際にヤエンゲで生活していると、対ヨコセの構図が出てくることは多くなく、むしろ、このヤエンゲとヤソンゴのあいだの悪口を聞くことが頻繁なのである。ああ、なんて了見のせまい……。私はやはり、あいだに立つことになる。

人は柔軟に自分たちの都合で、自らの属する集団の大きさを変える。ボノボには見られない、ヒトに特有な特徴と言ってよいだろう。私もまた、あいだに立つその位置を軽やかに移ろう。はからずも私は、このあいだに立つという役割を自らのアイデンティティにしてきた節がある。それは異邦人であると言うのに等しく聞こえるかもしれないが、保全の現場においては、他の異邦人とは、また少し違う視点を持った観察者であったかもしれない。

「コンサーベーション」に思うこと

保全活動へのモチベーションは、どこに求められるのだろうか。ときどき、そんなことを考えてしまう。もちろん答えは人それぞれだ。私は、ボノボがこの森からいなくなったら寂しいと思う。それはボノボがユニークな動物だと思うからだし、ボノボが棲む森に慣れ親しんできた個人的な想いは大きい。ボノボがいなくなることを、自然という全体の中から一つの要素が消えることと頭で考えることができる。しかし、気持ちはそうでない。あのボノボはもういない、そんな想像の端緒がふっと頭の片隅をよぎるだけで、全的な世界の喪失とでもいうような風景に心が染まり、私は戸惑う。荒野に一人、ぽつんと意識だけが百年もありつづけたときのような風景だ。私もボノボという動物種の絶滅を危惧している一人であるけれど、私にとっての現実はやはり、あのワンバの森、あのイヨンジの森であり、私が知る、あの森のあのボノボたちである。想像の世界を広げ飛翔することは楽しいことだが、経験と想像では意識が心に照らす世界のあり方が違う。

私は、コンサーベーションと呼ばれる保全活動、自然保護活動にかかわってきた。私はプロのコンサーベーショニスト、自然保護活動家ではないが、今やコンサーベーション抜きのボノボ研究はありえない。それに、現場を実際に知る研究者の経験や知識は、コンサーベーションの活動に大いに役立つ。日本ではまだプロの自然保護活動家というのになじみの薄いところがあるかもしれないが、私はコンゴでコンサーベーションを仕事とする人々と出会ってきた。高学歴なエリートが集う職種である。

そのような中で、私はどことなく、「コンサーベーション」というものに居心地の悪さを感じてきた。私はこの最後の章の残りで、私が実際に立ち会った保全の現場を紹介し、ボノボのコンサーベーションについて今思うことを書き留めることにしたい。これはあくまで、私が経験した「コンサーベーション」であることに注意してほしい。いずれはコンサーベーション全般へ視野を広げ、私が問題と思うことをより広い視野の中に位置づけ、解決のアイデアや新たな課題の提示へつなげられたらと思ってはいるが、まだその準備はできていない。その点はあらかじめ、お断りしなくてはならない。

2　ボノボをめぐる保全の現場

保全の対象としてのボノボ

さて、保全の現場へ踏み入る前に、なぜボノボが保全の対象になるのか、その理由について簡単に触れておこう。

ボノボは現在、かれらの生息地にどれくらいいるのだろうか。この問いに答えるのは難しい。というのも、ボノボが生息すると思われる地域で、実際に調査されたところが限られるからだ。コンゴ河の南側に生息するボノボがチンパンジーと別種であることが知られるようになったのは、一九三〇年ごろである。野生霊長類の調査が活発になるのは第二次世界大戦後になるが、ボノボの調査は一九六〇年にはじまるコンゴ動乱のために遅れ、現地調査がはじまった一九七〇年代には、まず何よりも、本当にまだボノボが生存しているかが問題だった。

そのころ、ボノボの生息地と目される地域のおよそ北半分を調査した加納隆至によると、ボノボの生息が虫食い状の分布になっていたことから、ボノボの個体密度を全体で、平方キロメートルあたり〇・四個体と実測値より小さく見積もり、これに北部領域の面積をかけて、五万四〇〇〇頭という値を出した。これに北部領域以外の他の地域を加えたとしても、一〇万頭を超えることはないだろうとしている。[1] ちなみに、この広域調査は一九七三年におこなわれたが、その結果を公表したのは一九八四年になる。どうして公表までに、これほど時間がたってしまったのか。その論文には、これまで調査結果を公表しなかったのは、動物商人の中に私の調査結果を利用する者がいるかもしれず、それを恐れたからだ、ということが記されている。[2]

一九七〇年代に、ワンバとロマコでボノボの長期調査が産声を上げた。一九八〇年代には、ワンバでもボノボの密猟が発覚したことを後で述べるが、つづく一九九〇年代には、国の経済と政情が悪化していった。二〇〇〇年前後の戦乱中のこと、ワンバより南のイケラ県の方では、兵士らが村を通り抜けた後は、白い砂地の道が人々の血で赤く染まったという話を聞いた。そのころ、兵士らの食料には、ボノボの肉も含まれた。村人がボノボを殺さないワンバの森でも、二〇〇〇年代に調査が再開されてみると、二、三集団のボノボが消滅していたことはすでに触れた。

政情に安定の兆しが見られ、コンサーベーショニストや研究者がコンゴに戻ってくると、ボノボの生存を確認するための調査がいくつかの地域で繰り広げられた。それでも調査された地域は、ボノボが生息すると思しき地域の三割にすぎない。二〇一二年にＩＵＣＮ、つまり国際自然保護連合戻ってくるのは、2002年以降になる。すでに外国資本のプランテーション会社は撤退し、かつてトラックが走った橋は落ち、道も荒れ果て、地域住民たちは現金収入の機会を失い、塩や石鹸、衣類を得るにも四苦八苦する生活を送っていた。調査地に戻った研究者は、地元民との再会を喜びながら、保全活動家に転身する人もいた。ドイツの研究チームは、2002年にボノボ生息地の南部域に位置するルイコタルに新しい調査基地を開き、現在ではワンバにつづく長期調査地となっている[11]。生息地西端の森林とサバンナが混在する地域でも、2000年代後半以降、ボノボの調査がおこなわれている。

ワンバ村では、研究活動の再開とともに、地域住民の生活改善を支援する活動がはじまった。古市剛史(当時、明治学院大学)とムワンザ・ドゥンダ(当時、CREF所長)が中心となり、日本でNPO*、コンゴでNGOを立ち上げ、支援金の受け皿を用意し、支援の枠組みが整えられた。私がワンバで調査をはじめた2007年には、橋や幹線道路の整備、学用品や奨学金の支援、新たな病院建設といった支援事業がはじまっていた。一部の人に利益がかたよらない、教育と医療、流通の改善などが支援の内容となっていて、ワンバ村を中心とする活動のこの基本方針は今につづいている。

*特別非営利活動団体　ビーリア(ボノボ)保護支援会
https://www.bonobo-wamba.com/

Column 7

野生ボノボ調査史とワンバでの支援活動

野生霊長類の調査が個体識別に基づく長期調査をベースにするようになったのは、第二次大戦後のことである。この方法論の発展に寄与した最初の研究対象はニホンザルだった。その後、野生チンパンジーの調査は1950年代にはじまるが、野生ボノボの調査の開始は、独立後のコンゴ動乱の情勢が落ち着くのを待ったために、1970年代に入ってからになる。

ボノボ調査の先陣を切ったのは、日本人霊長類学者、西田利貞だった。1972年のことだ。つづく1973年の加納隆至による広域調査を経て、1974年にワンバとヤロシディの2つの調査地が開かれた。同じ年、アイルランド人研究者バドリアン夫妻がロマコ川の森を有望と見定め、もう一つの長期調査がはじまった。日本人研究者の調査はやがてワンバ村に集中し、若い世代の研究者を迎え、2集団、3集団と調査対象を広げていった。

しかし、やがて、モブツ政権のもとでザイール経済に暗雲が立ち込める。1991年に起きた首都キンシャサでの暴動をきっかけに、ザイールはまたしても混乱へと陥っていく。1990年代にもいくつかボノボ調査地が新しく開かれていたが、1990年代後半には、戦乱の影響ですべてのボノボ研究者が調査地からの撤退を余儀なくされた。

1990年代の戦乱を経て、外部アクターがボノボの棲む森に

が発行した報告書では、二〇〇三年から二〇一〇年に調査された利用可能なすべてのデータが分析されている。[3] 量的なデータが得られたのは限定的な地域で、その寄せ集めの結果になるのだが、最小の推定値の合計として、ボノボの全体数を一万五〇〇〇から二万頭くらいとしている。IUCNのレッドリストでは、一九九四年は危急種にカテゴライズされていたが、一九九六年からは絶滅危惧種となっている。ボノボの生存をめぐる状況が改善されない限り、そう遠くない将来、ボノボはこの世から消えていなくなるだろう、そういう予測である。そのとおりだと思う。

ボノボの絶滅が危惧される理由は何か。目に見える大きな理由は二つある。密猟と生息地の減少だ。もう一つ、よく見えない懸念は、病気の感染である。

密猟の目的は、獣肉を食用にすることが主で、伝統医療の薬として狩猟されることはまれだろう。動物商人の活動は、厳しく取り締まられていると期待したい。森のボノボを殺しはじめれば、いなくなるのはあっという間だ。ボノボの出産間隔は四、五年と長く、成長の遅い動物だから、一度減少した個体数が元に戻るには長い年月がかかる。昔から、森で生活する人はボノボを食べていたかもしれない。それがすぐにボノボの絶滅につながらなかったとすれば、それは、人口密度が十分に低く狩られる数が限られていたからだろう。決定的な問題は、地元で消費されるだけだった獣肉が、商用として都市部へ運ばれるようになることだ。私が集落から遠く離れた森の中を広域調査したとき、燻製にした獣肉を背中に担いで運ぶ人たちの姿をよく見かけた。森の中を都市部まで、数百キロも歩くのである。森の中にも交易路ができていて、それは獣肉のためだけとはいわないが、都市

森に広がる焼畑

幹線路沿いの集落の裏に畑が開かれる。畑の開かれたその先に熱帯林が広がっている。

部で売りさばき得られた現金は、生活必需品や子供服などに変わるわけだ。しかし、得られる現金は微々たるものである。キンシャサでも獣肉をよく目にするが、家畜の肉よりも安価なのである。

二つ目の生息地の減少も、放っておいたら人間の活動に容赦はない。地方でも、人口が増えれば新たな焼畑が森の中に開かれる。幹線路から森の奥の方へ、人為的攪乱の範囲は広がっていく。具体的なデータはないが、ワンバ村のあたりをみていると、二〇〇〇年代以降、人口は増えつづけているように思う。まだまだ不十分とはいえ、地方の診療所や薬類の流通状況は少しずつ改善している。地方の診療所の屋根にソーラーパネルを見るようになり、持続的に機能しているかは別にしても、ワクチンを保管する冷蔵設備が置かれるようになった。村の人口が増えれば、主食のキャッサバを育てる畑を新たに開かなければならない。物の流通が増えれば、物への欲望は伝播し、ビジネス・チャンスは増大する。都市部で売れる焼酎を買い付けに来る商人が増え、材料となるトウモロコシを育てる畑も増えているだろう。

生息地の減少に関して、大々的におこなわれる商用の木材伐採の影響は甚大だ。私がロマコで調査するようになり、ジョルに隣接するベファレ地区で見るようになった伐採区域では、森の中にトラックが走る道が開かれ、バイクがやっと走れるような幹線路を、その太い道が横断していた。ヘルメットをぶら下げて歩く村人の姿も見かけたが、実はその地域の村人は、自分たちの森の一部を保護区にゆずった人たちである。そのため、かつて自分たちのガンダがあった森に入ることは、もはやない。そして保護区の外にある森は、政府から伐採会社に伐採の権利がゆずられている。仕事のあるうちは現金収入を得る機会もあろうが、その区域の有用な大木を切り尽くした後は、どうなるのだろうか。村人と話していると、それはまだ何十年も先のことと思っている人が多い。そして、それは本当なのかもしれない。しかし、やっぱりその後には、スカスカな森と仕事を失った村人が残ることになるのではないだろうか。あるいは、数十年も経ったころには、地方の村も都市化が進むというのだろうか。

三つ目の病気とは、人獣共通感染症への懸念である。ボノボの棲む森が人々の生活域と重複、隣接している場合に、その感染の危険は高まる。都市部とのあいだで人の行き来が増えれば、なおさらだ。戦乱中には、兵士の移動が感染症を持ち込む危険もあったろう。何かしらの病気が、人と家畜、ボノボを含む森の動物のあいだで伝搬する可能性がある。ボノボに近づく研究者は十分に気をつけなければいけない。二〇一四年には、ボノボ生息地に近いボエンデ地区でエボラ出血熱が発生した。エボラは一つの例にすぎないが、もし森のボノボたちに同じような出血熱が流行することでもあれば、ボノボ個体群へのダメージは計り知れない。

ルオー学術保護区設立の経緯

ここで、時計の針を過去へと戻し、ワンバにルオー学術保護区が設立されるに至った経緯を追ってみることにしよう。

野生ボノボが棲む唯一の国コンゴは、アジアやアフリカで植民地の独立が相次ぐ中、一九六〇年にコンゴ共和国として独立を果たす。しかし独立のための準備不足の結果、その直後にコンゴ動乱が勃発、コンゴ南東部のカタンガの地下資源をめぐり、東西冷戦時代の列強国の思惑が錯綜する中、クーデターにより実権を握ったモブツ政権は、国名をザイール共和国に改名、そして、一九九七年までの三二年間、独裁がつづくことになる。[4] 野生ボノボの調査がはじまったのは、コンゴ動乱後の情勢が安定してきた一九七〇年代に入ってからのことだった。

かつてから現金収入の手段が乏しいワンバ村ではあったが、それでもかつては、定期的にトラックがコーヒーを買いつけにやってきて、村人は栽培したコーヒーと交換に現金を得る機会があったと聞く。[5] しかし、モブツ政権下のザイールの経済は悪化し、とんでもないインフレが進む。買いつけの頻度は減り、コーヒーの価格は、ばかばかしくなるような額へと下落する。ワンバ村の南には、ベルギーの植民地時代に開かれたプランテーションがあったが、一九六〇年の独立後は放棄されていた。そのプランテーションを、一九七八年にジョルを含むチュアパ管区の長官が買い取り、営業を再開したという。これは、村人が現金収入を得る機会となったが、賃金が安いうえに、給料の支払いが何年も滞ることがあったようだ[6]。

そのような厳しい状況でも、村人の生活は、豊かな森を背景に成り立っていた。焼畑で育てるキャッサバはいつでも収穫できるし、森で採集できる食べ物は多い。ルオー川とその支流では、ナマズの仲間を中心に魚が捕れる。森の獣も、大型獣の数は減ったとはいえ、小さなハネワナには、毎日のように獣がかかる。わずかでも現金収入があれば、それで塩と石鹸を買うことができる。衣類の購入や診療所と薬にかかる費用、子供の学費などにも現金が必要だ。焼畑を開くための山刀や斧などの購入にも、現金が必要だろう。戦時中の困窮を極めたときは、川辺の植物から得られる塩を利用したと聞いた。病気の際には、今でもそうだが、森の広範な植物からさまざまな薬が得られる。胃痛、マラリヤ、痔、腰痛、外傷のための薬は、今でも日常的に使用しているのを目にする。このようにワンバの村人たちは、森で生きるための豊かな知識を共有している。森の生薬に比べると、外来の抗生物質などの効果はてきめんだが、流通が遮断された状況では、手に入れられるものに頼る外ない。

私はワンバにいて、ときに思うことがあった。赤道が近いここの気候は、一年を通して気温も降水量も安定している。朝方に冷えても、せいぜい二〇度を切るくらいで、日中の炎天下は耐えがたいが、森の中では三〇度を超すくらい、年間の降雨量は例年二〇〇〇ミリくらいだ。もしかしたら、世界規模の気候変動で地球環境の悪化が致命的に進んだとしても、この地域なら、なんとか生き延びることができるのではないか、そんな不謹慎なことを妄想してしまう。

さて、このようなワンバ村は、少なくとも一九七〇年代までは、村人がボノボと共存する稀有な例の一つだったろう。ワンバ以外の多くの地方では、ボノボは動物性たんぱくを得るための狩猟対象であったし、ボノボを兄弟とする民話を持つ村々でも、すでに異文化や都市の文化にさらされ、昔からの伝統的な価値観は力を失っていた。

ワンバにおいても、一九八〇年代に入ってくると、密猟の疑われる事件が発生するようになった。ワンバで最初に確実なボノボの密猟が発覚したのは、一九八四年である。日本人研究者が不在のときに、個体識別されていたボノボのワカモノオスが、プランテーションに雇われた猟師によって射殺された。ボノボはベルギーの植民地時代に保護動物に指定され、その条例は独立後も受け継がれていたが、地方の行政官に周知されていたとは限らない。このときボノボの密猟を訴えた村人は、逆に法外な罰金を科せられたという。密猟の犯人がワンバの村人でなかったことは救いだったが、この事件を通して、政府役人は違法な密猟を取り締まらないという事実が村人たちにあからさまになったわけだ。[7]

一九八六年には、これも日本人研究者が不在の時期に、今度はなんと、ジョル県の役所の長官の命令によって、ワンバで大々的なボノボ捕獲作戦がおこなわれたという。このときのジョルの長官の話では、このボノボ捕獲はバンダカにいる州知事からの命令だったという。このときは、E2集団とB集団で何頭かのオスとメスが殺され、二頭のアカンボウを捕獲し、州都のバンダカへ送られたそうだ。当時のザイール政府が、ベルギー国王に贈呈するためのものだった可能性が高いという。[8]

この二つの事件は、ボノボの生存が深刻な危険にさらされていることを教えてくれた。このような事態の再発を防ぐには、どうすればよいか。政府役人や村人に、ボノボの狩猟が違法であることをしっかり認識してもらうことは重要だ。でも、それだけでは足りない。ワンバの日本人研究者はそのころ、研究のカウンターパートである自然科学調査研究センター（CRSN, Centre de Recherche en Science Naturelles、現在のCREFの前身にあたる）にお願いして、ワンバの森をボノボの特別保護区に指定するよう政府に働きかけてもらうことにした。

詳しい経緯は省略するが、CRSNと研究者、そして村人たちの並々ならぬ努力によって、ワンバ村のほとんどを含むルオー川の北側、一四七平方キロメートルと、ルオー川の南側のイロンゴ村の森の一部、三三四平方キロメートルの、合計四八一平方キロメートルが、ルオー学術保護区として政府に認可された。[9] 保護区の条例は一九九二年一月に発効されている。

このルオー学術保護区は、一般的な保護区とはかなり性格を異にする。つまり、保護区としては破格な決まりのゆるさが特徴である。これは、それまで伝統的にボノボと共存してきたワンバ村の人たちを尊重してのことである。ワンバの村人は、ルオー保護区の決まりの中で、これまでどおり焼畑農耕を営み、住みつづけることができる。ただし、以前に畑のなかった大きな森を新たに切り開くことは禁止された。また、ボノボとサル類を狩猟することは禁止された一方、サルの仲間以外の獣を対象とした場合、ハネワナなどの伝統的な狩猟はこれまでどおりおこなうことができる。伝統的とは言えない、散弾銃や毒矢、それから金属製の針金を用いたワナの使用は禁止された。

この保護区の条例によって、村人の生活は制約を受けることになったが、外来の密猟者や政府行政官によるボノボ捕獲を防止できるようになった。とはいえ、保護区の決まりを村人が十全に守るか否かは、別の問題である。たとえば村の人口が増えれば、生存のために農地を広げる必要が生じよう。保護区の条例に署名した村人の意志が、将来的にも村全体の意志として引き継がれるかどうかは、村人の生活や保護区をめぐる状況の変化に応じるだろう。保護区が当初の目的通りの機能を果たすためには、ときには外来のサポートが必要になるかもしれない。

ルオー学術保護区は、村人とボノボをはじめとする獣たちの共存が目指されている点でとても興味深く、価値ある試みである。そうではあったが、不幸なことに、保護区の運営がこれからというところで、戦乱と調査中断という状況に陥った。村人が真に保護区の価値と重要性を理解するには、保護区の運営とじかにつき合う時間が必要だし、村人の保護区への関心を喚起する活動も必要だ。保護区の運営にあたっては、運営主体の政府組織と村人のあいだのあつれきが生じないよう、その都度、状況に応じた適切な調整が欠かせない。歴史的、経験的に、中央政府への信頼がうすい地域住民であれば、なおさらのこと。ルオー保護区の発足にあたり、とても重要な時期であったのだが、残念ながら、情勢は悪化の一途をたどり、戦乱の世へと突入していった。ルオー学術保護区の管理、運営の問題は、二〇〇〇年代前半に調査が再開されて以降、現在においても解決策が模索されている。

二〇〇九年にジョルで開かれた会議

二〇〇九年九月のこと、私にとってワンバの調査が三年目を迎えた年だったが、ワンバから八〇キロの距離にあるジョルの町で、コンサーベーションの会議がおこなわれた。先にも触れた国際環境NGOのAWFが、大きなプロジェクトをジョルに持ってきたのである。

会議がおこなわれたこのとき、ジョルの中心にAWFのオフィスが開かれた。これは、ランドスケープと呼ばれる比較的広域の保全活動を展開するためだ。そのころの保全活動を概観すれば、すでに人為的攪乱が激しく森が大きく分断された地域より、人為的攪乱が比較的少なく連続した森が残っている地域の方が、保全の対象区域として重要視された。AWFがおもに活動してきたロマコの森は、ワンバから一〇〇キロメートルくらいの距離まで広がっている。大して離れてはいない。そこで、ボノボ生息地の北部領域のなかでは、ロマコとワンバを含む範囲を、マリンガ－ロポリ－ワンバ・ランドスケープ（図11）と呼び、ボノボの保全活動を重点的に進めることとなった。このランドスケープの北端よりを東から西へロポリ川が流れ、南端よりを同じく、東から西へマリンガ川が流れる（188ページ図10を参照）。マリンガ川の上流をルオー川と呼ぶ。ワンバ村はルオー川沿いにあり、ランドスケープの東寄りに位置する。

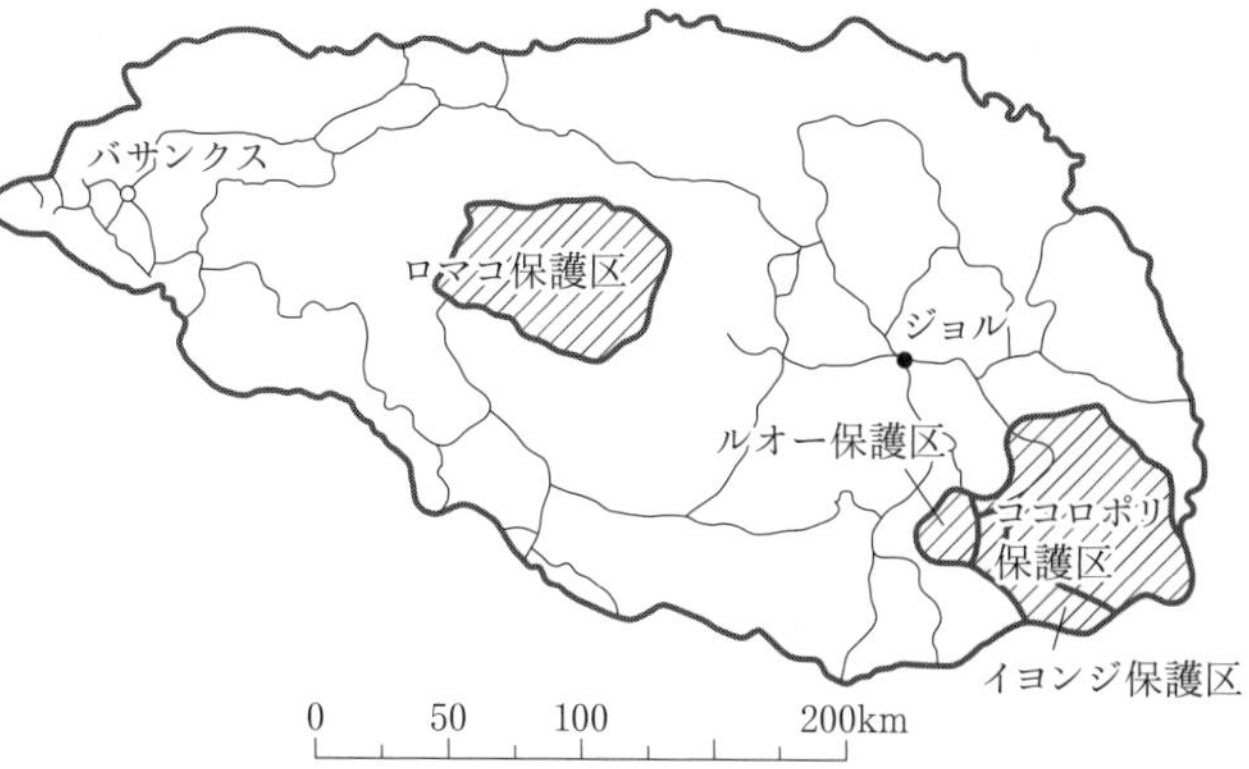

図11　マリンガ－ロポリ－ワンバ・ランドスケープの外郭と、その中にある4つの保護区

二〇〇九年にＡＷＦがジョルに持ってきたプロジェクトは、アメリカ版のＯＤＡ（政府開発援助）であるＵＳＡＩＤ（米国国際開発庁、United States Agency for International Development）が主導するＣＡＲＰＥ、つまり環境のための中央アフリカ地域プログラム（Central African Regional Program for the Environment）の一環で、その目指すところは、コンゴ盆地の持続可能な自然資源管理を促進することである。そして、この九月の会議のときは、ＣＡＲＰＥの西洋系の専門家らが単発プロペラ機でジョルに降り立ち、夜は持ってきたテントで休み、数日の会議の日程の後、同じプロペラ機で帰って行った。キンシャサから来たＡＷＦのスタッフが中心となって会議は進行し、地域住民の代表、有力者、地方の役人などが会して、ＣＡＲＰＥの大枠が説明された。その後は、いくつかの部会に分かれてワークショップ形式の話し合いが二日間にわたっておこなわれた。言語はおもにフランス語で、フランス語を解さない村人のために、リンガラで補足的な説明がされた。地域住民の第一言語はロンガンドで、学校教育はリンガラが中心である。

この会議に出ていて、私に強い印象を残した場面が二つあった。一つは、ＣＡＲＰＥの説明がなされる中で、ジョルでもっとも影響力をもつ国会議員の一人が、そんなお金があるならすべて私に任せたらよい、そうすれば私がそのプロジェクトを進めよう、そう意見したのである。この発言は、ＣＡＲＰＥやＡＷＦの上層部から失笑をかったように見受けられた。当時の私も、そんなことをしたら、結局このプロジェクトは骨抜きになり、目的が他のことに変わってしまいかねないと感じていた。ただ今に振り返って思えば、このような場面こそ、このプロジェクトが外部からやってきたことを象徴していたように思う。ジョル県の村々にいて、誰それがこのプロジェクトを呼び込んだという話を聞いたことがなかったし、事前の地域住民とのネゴシエーションは、仮にあったとしても、ごく簡単なものであったに違いない。

もう一つの印象的な場面は、次のようなシーンだった。この会議には、地域の有力者や役人だけでなく、ジョル県にある村々の村長など、地域住民の代表者も参加していたのだが、この会議のいろいろな場面で、質問というよりは、さまざまな要求、要望が意見された。道を直してほしい、橋を直してほしい、学校を建ててほしい、病院を建ててほしい、都市部との流通をよくしてほしい、そういった、私にはよく聞きなれた要望だった。そのような地域住民の意見に外部から来たアクターは熱心に耳を傾けたが、いつも最後に出てくる決まり文句があった。それは、このプロジェクトはコンサーベーションである、ということだった。地域発展を中心にした地域住民が望む支援を視野に入れているけれど、それらはすべて、このコンサーベーションのプロジェクトに同意してくれたときに限ります、そういうことだ。繰り返し見られたそのようなやりとりに表れていたのは、発展と保全の避けがたい対立図式だったように思う。プロジェクトの大きな予算をコントロールする人たちは、コンサーベーションを前提の条件とし、他方、地域住民の望むことは、何よりも地域の発展や生活水準の向上に向けた支援だったのである。

プロジェクトのプログラムには、地域発展の支援策が盛り込まれていたし、その他の要望についても、プロジェクトが進む中で新たに盛り込むことが模索された。それでもまずは、このプロジェクト立ち上げの会議にあって、地域住民がコンサーベーションの重要性を理解し、同意する意思を表明してくれることが期待されていた。地域住民の賛同が得られないなら、プロジェクトの延期だってあり得る。活動を主導するＡＷＦにとって、そのような事態はもっとも避けなければいけないことだったろう。

ここで少し蛇足にはなるが、私はコンゴで生活する中で、気をつけなければいけない三つの信条というのに思い至ったことがある。それは、コンサーベーション、人道主義、市場経済の三つである。どうして気をつけなければいけないかというと、これらの言葉を聞くと、私たちはついつい思考停止に陥りやすいからだ。ジョルの会議の場面は、そのことを印象づけていた。地域の発展と保全の両立が難しいところで、保全は大切ですよ、と言われると、人々は黙ってしまう。保全とはそもそも何で、保全が大切とはどういうことか、どうして保全が喫緊なのか、などと問うことが、今さらというふうにはばかられる。

地球環境の変動の問題を、ワンバの村人などにわかりやすく語ることは難しい。語る側の私たちには、いつもどこか真実に目をつむる態度が見え隠れしているのかもしれない。少なくとも先進諸国の都市生活者には負い目があろう。グローバルな問題とローカルな問題を結びつけて、どちらも同じように身をもって理解するには、それなりに思考の訓練が必要だ。ローカルな問題といっても、ランドスケープという比較的広域なプロジェクトを提示されると、村人にとっての具体性はどうしても乏しい。素朴な疑問を忘れたわけではないが、これまでの生活がこんなふうに制限されますよ、といった具体的なプランでも示してくれないと、保全が大切なことは認めるけれど……、これにつづく言葉が出てこない。

人道的という言葉にも、何か似たような、人々を黙らせる力があるように感じることがある。誤解してほしくないが、私は人道的であることに反対してはいない。ただ人道的という言葉が、具体的に起きている現実の手前で空虚な言葉として使われることがないように気をつけたいと思っている。あるとき、とあるNGOの上層部の人たちが話している横にいて、それは私が生活する森のキャンプでのことだったが、今はコンサーベーションより人道的プロジェクトの方が資金獲得しやすい面があるから、そちらの方向も考えていこう、と話す声が聞こえ、ドキッとしてしまった。確かに、人道支援が喫緊の紛争地において、外から流れ込んだ人たちが食べ物を求めるために、野生動物が壊滅的に失われるということは起こりうる。また、コンサーベーションのプロジェクトが、地域住民の人権や福祉、土地の権利問題など、人道的な配慮を必要とすることは言うまでもない、それはそうなのだが。

三つ目の市場経済というのは、それがもし需要と供給のメカニズムという狭義の意味が頭に浮かんでしまうなら、むしろ消費という欲望が経済を動かしているところを強調して、消費経済と呼んだ方がよいかもしれない。ワンバにいて、コンゴの最低賃金が上がる現場を何度か見たことがある。あるとき、商売人が一〇ドルか二〇ドルくらいの中国で生産されたラジカセをたくさん仕入れてきたことがあった。一九八〇年代によく見たスタイルのラジカセだ。一〇、二〇ドルというのは村人にとって決して安くない金額だったが、私の調査助手たちは、揃いも揃って同じ物を購入したのである。コンゴの最低賃金は、はじめ一日一ドルだったのが、やがて二ドルに、そしてあまり期間を置かずに三ドルへと上がった。働いても腹を満たせないようなひどい労働環境があることを思えば、政府の対応は正しい反面、都市部と地方では、物の値段や生活に必要なものの入手手段があまりに違いすぎる。日々の生活に必要な多くを畑と森から得る地方において、一年ほどで給料が三倍になったのである。そのときは、ああ、こうやって新しいマーケットというのは開拓されるのか、と思わざるをえなかった。最低賃金を改善する政策が、地方の片田舎を新たなマーケットにしたのである。また、このときは、人々の欲望というのはこんなふうに一つの型にはまるものなのかと感心してしまった。消費への欲望というのは、いくら自覚できていても、一つ満たされると次がわいてくるので際限がない。興味深いことに、そのような欲望というのは、伝播する力がとても強いのである。[10]

消費経済はすでにグローバルである。

保護区設立プロジェクト、お決まりのパターン

私は二〇一〇年にイヨンジの森でボノボの人づけをはじめたが、そのころ、イヨンジの東側に広がるココロポリ保護区で事件が起きた。ここではイヨンジの話に入る前に、ココロポリで起きた事件について触れておきたい。

ココロポリ保護区は、二〇〇二年ごろから環境NGOのBCIが地元のNGOと協力して保全活動を開始し、二〇〇九年に正式に認可された保護区であることは、先にも触れた。イヨンジ村の東側に位置する他の三つの村を含んでいるが、イヨンジ村も、もっとも西側のワンバ村に隣接したヨファラとヨカリを除く他の集落は、ココロポリ保護区に含まれる。言い換えると、イヨンジ村の中でもっとも西よりの集落だけが、BCIらの活動に賛同しなかったことになる。その後、ヨファラとヨカリの集落では、有志が地元のNGO「ボノボの森」を立ち上げ、その後、AWFの全面的なサポートを得て、二〇一〇年にイヨンジ保護区設立に向けたプロジェクトがはじまった。

そのような経緯もあって、私がイヨンジでヨファラとヨカリのトラッカーとAWFのもとで仕事をはじめたところ、ココロポリの活動の悪口をよく聞かされた。たとえばNGO活動の強引な手法について、村人のごく一部、村長などに自転車やラジオをプレゼントし、それで村の同意の署名を集めている、なんて話だ。こういう悪口、うわさ話が、どれくらい実際にあった事実を言い当ててい

るのか、私はココロポリの現場にいたわけではないので、本当のところはわからない。

事件のニュースは、私がイヨンジの森にいた二〇一〇年に飛び込んできた。それはココロポリが保護区に認可されて一年くらいが経ったころで、政府から保護区の管理官がココロポリに送られてきたのである。環境省の組織であるICCNが管理する保護区になったのだから、これからは制服を着て銃器を肩にかけた森林警備員が森をパトロールし、密猟者は逮捕されるようになる。しかし、多くの村人が、自分たちはそんな話は聞いていないと訴え、保護区管理官のところへ駆けつけ、一部の村人は山刀などを武器に迫ったという。ジョルからは警察らがバイクで駆けつけ、一時は騒然となったそうだ。

その後のことは概略だけ述べておくと、ココロポリの活動をけん引するNGOがICCNと交渉をつづけた結果、保護区の森林警備は地元の有志がおこなうということになり、ひとまずは村人の望みどおり、ICCNの保護区管理官らの駐在は取りやめとなった。そうすると問題は、ICCNによらない保護区管理がどれくらい実効的かということになる。森林警備の諸経費をNGOが安定的にやりくりするというのは、プロジェクト単位で資金を動かすことが多いNGOにとって、大変なことだろう。その後、ICCNがココロポリの状況をどう見ているか、詳しく知る機会はなかったが、本書を執筆中の二〇二〇年に入ったころ、あらためてICCNがココロポリの保護区管理に当たろうとする動きのあることを耳にした。

ココロポリで起こったことを振り返ってみると、まずNGOの活動がはじまり、村に外国人などの出入りが増え、村人の一部は仕事を得る機会があった。NGOの支援で、村の中に私設の病院が開設され、プロジェクトで雇われた医師が常駐し、村人が手術を受けられるようになった。道や橋も方々で直され、臨時の仕事を得た人も多かったろう。村人の多くが、NGOの保全活動というものに何か活気を帯びた、村が変わりつつある雰囲気を感じたに違いない。しかもそれは、戦乱中に疲弊した後にいち早くはじまった動きであった。その一方で、保護区を設立することが何を意味するのか、どれくらいの村人が理解していただろうか。いや、一体誰が十全な理解をしていたか、と問うべきかもしれない。

イヨンジ保護区予定地で発覚した問題

実はココロポリから四年遅れでイヨンジでも同じようなことが起こることになるのだが、これは次の項で述べることとして、その前に、イヨンジの保護区予定地で発覚した別の問題に触れることにしよう。

私はほぼ二年間、ＡＷＦのプロジェクトのもとで活動し、月のうち二週間くらいをイヨンジの森で過ごし、ボノボ調査を進めてきた。ボノボの人づけのために開いた調査キャンプは、村からルオー川を渡って、しばらく行ったところにあり、私がボノボの人づけで日常的に歩いた範囲は、せいぜいルオー川から南へ五から一〇キロメートルくらいの範囲だった。東西の距離もだいたいそれくらいだ。一方で、保護区予定地域ははるかに広く、ルオー川から南へ六、七〇キロメートルくらいにおよび細長い範囲だった。私は、保護区予定地のボノボの分布や大型哺乳類の生息状況を調べるため、広域調査を二回ほどおこなったのだが、保護区全域を往復するには二週間くらいかかる広さだった。

この広域調査をしてわかった事実は、保護区の将来を考えたときに、とても重くのしかかることだった。実は広域調査の二回とも、保護区予定地の南端までたどり着けず、半分くらいのところで引き返すことになってしまった。森の中で出会った人たちに、私たちの調査が妨害されたのである。

保護区予定地の森には、幹線路と集住集落はないものの、川が流れているところには、人の住む、いわゆるガンダが点在していた。かつてベルギー政府による集住化がおこなわれる前、イヨンジの村はルオー川の南側にあったと聞く。イヨンジ村の地図上の範囲がルオー川の南へ六、七〇キロメートルも広がっているというのは、かつて村人が住んだ地域、あるいは過去の移住経路が反映されているのかもしれない。しかし現在は、イヨンジ村の幹線路と集住集落はルオー川の北側にあり、村人が出入りするルオー川の南側の範囲は、保護区予定地のごく北端の一部に限られ、それより南の広大な地域には、ジョル県の南に接するイケラ県の人たちが出入りしていたのである。イケラ県の幹線路とかれらの集住集落は、保護区予定地の外の西の方にあって、森のガンダに来るのに二日から三日をかけて歩いてくる距離だと聞いた。

私たちは、ジョル県とイヨンジ村のヨファァラ、ヨカリの人たちの同意を得て、ＡＷＦのプロジェクトとして森に入っていたわけだが、イケラ県の人たちはそんなことは知らない。ましてや、この森が保護区になるという話を聞けば、自分たちの森が奪われると思うわけで、黙っていられるはずがない。広域調査のとき、森を歩きはじめ二日目、三日目と森の奥へ進むと、イケラ県の人たちにつぎつぎと出会うことになった。そして三日目、四日目になったとき、どうやら、よそ者である私たちの噂を聞きつけた集落の長が、村の若い人を送り込み、私たちの調査をやめさせようと脅しに来た、ということなのである。

イヨンジのプロジェクトがはじまる前のこと、私は保護区になる予定地を地図でみて、ルオーとイヨンジ、ココロポリが三つの保護区でつながることの意味は大きいと思った。そこには、村のない広大なボノボの棲む森が広がっているものと信じていた。それは、イヨンジのNGO「ボノボの森」が提案してきたプロポーザルから理解したことだった。しかし、そこには重要な事実が書かれていなかった。イヨンジの人たちも詳しくは知らなかったのだろうが、保護区予定地の広い範囲には、ポツポツと点在するガンダにすぎないとはいえ、イケラ県の人々が自分たちの家と畑を持っていて、中には、開いて二世代以上になるガンダもあったのである。

私がイヨンジの村人と一緒に仕事をしていて思ったことだが、かれらがルオー川に近いあたりしか使わなくなったのは、だいぶ昔のことだ。三世代くらい、祖父母の世代の話だったら、語り継がれる記憶があってよいはずだけれど、広域調査で森の奥へ進みイケラ県のイロンゴの人たちと出会う地域に入ったとき、私が一緒に歩いたイヨンジ村の調査助手たちが、かつてこのあたりには村の誰々が住んでいて、などと話してくれることは一切なかったのである。

はじめの広域調査が途中で頓挫したとき、イヨンジ保護区設立の計画は大変なことになったぞと、私は素朴に思った。保護区予定地内に集住集落はないとはいえ、あの広大な地域に、イケラ県のいろいろなところから人が入っている。かれらに対して保護区設立の同意をどうやって取りつけるというのか。しかし、イヨンジのローカルNGO代表の考えは違った。私たちの森にいるイケラの人たちをいち早く追い出さなければいけない、そのためにも、まずは、保護区の公式な認可が必要だ、と言うのである。まさか、保護区の認可をタテに、かれらを森から追い出そうというのか。私には信じられない発想だった。

他方、AWFのスタッフは、みんながキンシャサのオフィスをベースにしていて、私のように森で地元の調査助手と住み込むスタッフは、そのために期限つきで雇われた人が滞在したことはあったものの、他のスタッフは、現地に滞在するときも、ジョルのオフィスかイヨンジ集落にあるオフィスにいることがほとんどだった。そのスタッフも、イヨンジの森の奥にイケラ県の人たちが多く住んでいる事実を知ったわけだが、すでに進んでいたプロジェクトの予定が、そのために変わることはなかった。

AWFのスタッフは、ある意味で優秀だったのだろう。私が二年近くのAWFとの契約を終えた直後、二〇一二年の四月にイヨンジ保護区が正式に政府によって認可されたのだ。形だけをみれば、ローカルNGO「ボノボの森」代表の希望が、見事に実現したわけである。

私は保護区認可のニュースを、数ヶ月ぶりに日本からイヨンジへ戻る直前に聞いたのだが、その迅速な動きに驚かざるをえなかった。そして、イヨンジ保護区の法令を読んでみると、名前だけは

焼酎の蒸留

森のガンダで地元の焼酎、ロトコを蒸留しているところ。

当初から目指していたようにコミュニティ保護区となっていたが、一般の保護区と同じように、村人の保護区内での活動は認められていなかった。その時点で、イヨンジの保護区に関して一部の村人から聞いていた要望を活かす時機を逸してしまったのである。

私は保護区になる前から、ヨファラとヨカリの人たちと一緒にかれらの森を歩き親しんできた。そのころは、毎日のように獣がかかったハネワナを見つけたし、森にはかれらのガンダがいくつもあって、そこには人々の生活があった。ワンバの森と比べると、動物相ははるかに豊かで、それまで見たことのなかった動物と出会うことができた。それは私にとって、かけがえのない経験となった。調査中に立ち寄ったガンダでは、調査助手の連れ合いが地酒を蒸留しているところだったり、キャッサバ芋をちまきのように加工しているところだったり、ヤシ油を搾っているところだったりして、それらは村でもふつうに目にする姿であったが、かれらの森の生活に親しむ貴重な機会となった。獣肉のタブーが村と森で違いのあることも、そのころに知った。森の生活に触れることで、村で見ていた生活が、実はかれらの生活の一部にすぎなかったことを実感できた。しかし、プロジェクトがはじまったときにわかっていたこととはいえ、ヨファラとヨカリの人たちは、もう二度と、あのころの森の生活に戻ることはない。

イヨンジ保護区でも繰り返された騒動

イヨンジが保護区として認可され、それからおよそ二年後の二〇一四年のこと、イヨンジ保護区にＩＣＣＮの保護区管理官が派遣されてきた。そして、イヨンジ村を中心に、森林警備員などが雇われた。これまで私と一緒にボノボを追ってきたトラッカーの中にも、保護区の活動に雇われた人がいた。私のよく知る村人が、深緑色の制服を身にまとい、ベレー帽をかぶり、黒い革製の編み上げブーツをはいた姿で現れたのである。中には銃器を肩に担ぐ者もいた。これには、いささか驚いた。管理官のいるオフィスに行ってみると、かかとを鳴らしてそろえ、右手をかざして敬礼をしてくる。私と一緒に、ぼろの服で獣の足跡を追っていたときとは違う。いっちょ前の憲兵のように見えた。

私が日本からイヨンジに戻ったとき、村は落ち着いて見えたが、はじめは大変だったそうだ。ＩＣＣＮの制服をまとった人間が、銃器を携えた数人を連れてイヨンジ村に現れると、イヨンジの村人たちは、ココロポリの人とほとんど同じ反応を示したらしい。保護区管理官のいるオフィスに大勢の人が押しかけ、一部の人は山刀などを手にし、やがては脅しにふりかざすような暴挙に出て、すぐに出て行けと迫る場面もあったという。ＩＣＣＮの人から、あのときは身の危険を感じたと聞いた。すぐにココロポリのときと同じように、ジョルから警察や役人が駆けつけ、といっても一〇〇キロ近くある悪路をバイクで来るのだから丸一日は経ってしまうのだが、そのときは騒然とした数日を過ごしたようだ。ジョルの役人、ＩＣＮの役人は、村長や集落の長を呼び、事情を聴く。村人には保護区の法令について説明をする。政府役人の仕事だ。中央からきた仕事を忠実にこなす、それだけだ。法令が後ろ盾にある。他に選択肢はない。

保護区設立に向けた二年間のプロジェクトの中で、村人が集まって話し合いをする場をＡＷＦが設けたことが複数回あった。キンシャサのスタッフがイヨンジ村まで来て、会合をセッティングした。はじめのころの会合で、村の意見をまとめる組織を立ち上げていた。それは村人の自発的なものでないこともあって、私には有名無実に思えた。マニュアル化された感は否めない。しかし、しかるべき段取りがそれなりに執りおこなわれたといえば、その通りである。

二〇一〇年にプロジェクトが本格的にはじまったときは、村人の関心も高かったが、それはおそらくはじめだけで、自分も仕事が得られるかもしれないという期待があったからだろう。何度か開かれた会合の参加者は、村人のごく一部に限られたし、その会合に無関心な人がほとんどだった。本来なら、誰かが村人をまとめなければいけないし、村人の総意を作っていくよう尽力しなければいけない。保護区設立のプロジェクトを呼び込んだローカルＮＧＯが、プロジェクトを展開していくあいだにもっと懸命にＡＷＦと村人とのあいだの橋渡しに努めなければいけないはずだった。

プロジェクトの全体において、ローカルＮＧＯの代表の役割は大きかった。その代表の知的な人柄がなければ、ＡＷＦの上層部がイヨンジのプロジェクトを立ち上げることはなかったろう。そして、プロジェクトが進む二年間、村は雇用に恵まれ、彼への称賛にあふれた時期があった。その一方で、彼とＡＷＦのあいだのディスコミュニケーションは問題だった。ＡＷＦのスタッフは、どうしても村人と接するのに一定の距離を保ちがちだった。それは都会でも田舎でも、プライドの高いコンゴ人のこと、とくに都会の人間、高学歴な人間となれば、政府役人と似たところがあって、私のようなよそ者の人類学者ができるだけ村人の視線に近づきたいと思うのとは違って、しっかりと主従関係といってもよいような立場の違いを際立たせるのである。

私は、プロジェクトの早い時期から「ボノボの森」の代表に、あなたこそが村人とＡＷＦの仲立ちをする人間なんだと話してきた。称賛に満足するのでなく、村人の声の賛否のいろいろを拾い上げ、それらを適確にＡＷＦに伝えなければいけない、と。しかし、彼の苦しみもあった。イヨンジ担当のＡＷＦスタッフに伝えたことが、キンシャサのスタッフまでちゃんと届いているのかわからず、それは伝えてはいただろうけれど、現地と都市のオフィスとの温度差はあって、深刻な問題、急を要する問題が、村から持ち込まれる他の些細な問題と区別されずに扱われた節はあった。私と代表の彼は、イヨンジにいてはいつも、私たちの注文や要望に対するＡＷＦの対応の遅さにやきもきした。彼がキンシャサのオフィスまで訴えに行ったこともあったが、交通が不便なため、それだけで村を留守にする期間が数ヶ月にわたった。うまく意思疎通が図れず、なんとなくいろいろな問題がうやむやになりながら、あっという間にプロジェクトの二年間が過ぎたのである。

二〇一四年にICCNの保護区管理官が駐在をはじめたその後はというと、結果的には、地元NGO「ボノボの森」が悪者となり、AWFはICCNの保護区管理運営のサポートを継続した。保護区内のイケラ県の人々の問題は未解決で、AWFがICCNやイケラ県の役人と協力し、地域住民に保護区への理解と賛同を呼びかける会合が持たれたと聞いたが、具体的な成果には至っていない。

二〇一九年の九月、私はほぼ二年ぶりにイヨンジ村を訪れ、以前にはなかったICCNの新しいオフィスで、前任者から代わった新しい保護区管理官と会うことができた。閑散としたオフィスの敷地を案内してもらいながら、彼の言うには、今は保護区の警備が機能してないのだという。それまで森林警備員の手当など一切をAWFがサポートしていたのだが、今はそれがストップしているということだ。保護区設立から七年も経つというのに、政府から手当を受け取る警備員がいないという現実を知り、あらためてコンゴという国の難しさを思い知らされた。政府組織であっても、外部から資金を持ってくるパートナーがいなければ機能しない、というのが当然なのである。

私は、コンサーベーションという活動に何か居心地の悪さのようなものを感じてきたと先に述べた。もちろん、このままではいけないと思っている。少なくとも近代以降の世界が、環境破壊の一途を辿ってきたという現状認識を疑う余地はない。ボノボを保全する監視の目を怠れば、気づいたときには手遅れ、そうなるだろう。でも今は、居心地の悪さを感じる、その立ち位置へ戻ってみることにしたい。

結局のところ、イヨンジのプロジェクトを通して、コンサーベーションという活動に見たものは何だったのか。プロジェクトを動かす理念、その根本にある動因ではなく、その結果としてあった動きそのものに目を向けてみると、それは、外へ外へと向かう圧倒的な力を有した動きであった。私は、あいだに立つからこそ、このような表現が可能であるが、私が共に仕事をしてきた土地に生きる者にとっては、それは圧倒的な力をもって外から押し寄せてきた動きであった。その外から押し寄せた力は、人間の攪乱が少ない森をその重要なターゲットとし、森に住む人たちは、押し寄せてきた外力が自分たちの生活を変える、そのような過程に身を置くこととなった。

この押し寄せてきた外力は、私には、消費経済が浸透し新たな市場が開拓されるところと重なって見えてしまう。実は、この立ち位置にあってはじめて、発展と保全という対立図式が意味を持ってくるのではないだろうか。つまり、消費経済、発展と保全は、一つのセットとして押し寄せてくる。消費経済は、人々のあいだを伝播する欲望という心理的、社会的動因をたずさえて、外の社会を取り込んでいく。電気も水道もガスもないワンバやイヨンジの村にいて、乾電池で照らすトーチがあれば、どんなに重宝することか。新月の夜にトイレの穴へ足を踏み外す危険が減る。ラジオから遠い地のニュースが聞こえてくるというのはすごいことだ。外国語がうまく聞き取れない私でも、一つ持っておきたいと思う。大きなスピーカーから音楽が流れれば、身体は踊るし、ふさいだ気は晴れる。物流が進めば、便利な物を持っていることが人々のあこがれとなり、社会的なステータスにもなってくる。外の社会へ伝播するそのような力が強大であることを、たぶん私たちは知っている。そんな消費社会の拡張してきたところに、地域の発展という発想はのっかっている。そして、その消費経済、消費社会を受け入れたのだから、だから保全にも努めなさい、そう言われているような気がしてならない。両者は同時に押し寄せている。この地にいる私には、消費経済と保全が、コインの裏と表の関係のように見えている。

私はやはり、あいだに立とうとしているのかもしれない。異邦の価値観の出どころと、ボノボが棲む森とのあいだに。私はボノボが棲む森とそこに生きる土着の人々の生活に近づきたいと努めてきたから、異邦の価値観が流れゆく性質を持つことが気になったのかもしれない。もちろん、新しい価値観が根づくには、そのための並々ならぬ努力と、ときには世代を超えた長い時間を必要とするだろうことは私にも想像できる。その一方で、私はいくら何を努力しても、よそ者でありつづける。そのようなあいだに立っていると、そもそもから異邦と土着は、それぞれに存立していることが明らかだ。共存という言葉に、お互いうまくやっていきましょう、という雰囲気がにじんでしまうと、私は小恥ずかしくなってしまうが、共存とは、たとえばワンバ村の裏庭に位置する森にボノボが棲んでいる、そんな状況をイメージしたくなる。そして、そこでも私の立ち位置は、そのあいだだろう。異邦と土着がそれぞれに存立する、そのあいだでもある。このズレを孕んだあいだにあることの感覚が、私を落ち着かない気持ちにさせながら、何か大切なことを伝えようとしている気がするのである。

この感覚をもう少し具体的に考えるアイデアの一つは、土地とのかかわりに目を向けることかもしれない。先ほど土着という言葉を使ったが、ボノボが棲む森に住む村人は、子供のころから遊び場であった森で、有用な木の一本一本まで覚えてしまいながら、年をとって歩けなくなるまで、いつもの水場へ体を流しに行く。隣の家の人が使う水場には行かないし、隣の村の森を歩くこともまれだ。こういうのを地縁性というのだろう。ボノボのオスたちにも同じことが当てはまるかと思うと、つい頬が緩んでしまう。ボノボの場合は、隣の集団との遊動域の重複が大きいし、一生の内には遊動域の中心が動くこともあるのだが。しかし、人間には血縁性というのもあって、生活の場である土地の上には、親族のネットワークが網の目を張り覆いかぶさっている。土地の上にびっしりと張られた網の目に身をおけばこそ、そうそう身軽に土地から土地へ移ることはできない。

一方で、コンサーベーションという活動は、流れ、通り過ぎるものとして訪れた。プロジェクトはたいてい数年単位で動く。はじめはエンジンをふかし、中盤は踏ん張って目に見える成果を産み出し、最後は静かに消えていく。プロジェクトで地方に派遣された人は、クリスマス休暇を楽しみにしながら、おおかた現地のオフィスで仕事をし、数年が経つと去って行く。ＡＷＦのオフィスは、ジョルに九年ほどありつづけ、その役目を終えた。組織という箱は、中の人が替わってもありつづけるが、もう少し長い目で見れば、ある箱が他の箱に置き換わることもある。流れゆくNGO的コンサーベーションの後に、保護区という箱がポンと置かれていった。こちらは土地とのつながりが強い箱であるし、コンゴ政府が基盤にある。ただし、国家というのも移ろうものだ。外からの援助に頼るコンゴ政府の体質が、そう簡単に変わるとは思えない。それでも、通り過ぎるだけとは違う、この土地を基盤とする活動の新たな箱が置かれたことは確かである。

土地とのかかわりは、人それぞれ自らの経験としてある。それは今の生活であり、その人の人生であり、それぞれの命を養うものだ。外からコンサーベーションという価値観を持ち込んだ人は、得てして通り過ぎる人たちだった。そのような土地とのかかわり方があってよい。たまには地に足をつけてみる機会もあろう。一方、土着の人は、生活の変化を受け入れながら、その土地に生きている。子供のころの記憶があり、嫁いだところの生活があり、子は成長し、自らは年を重ねる。過去のときどきの生活がその土地にあり、今の生活がこの土地とともにある。裏庭の森には、ボノボも棲んでいる。かれらも集団で生活し、世代を越えて継承される集団に身をおき、私はよくぞ飽きもせずにと思ってしまうが、たかだか数十平方キロメートルの自分たちの森に生きている。隣の集団との交流を楽しみながら。

土地とのかかわりといっても、責任という、意識を個人に限定するようなことを考えたいのではない。土地とのかかわり方が異邦と土着の人で違うことを、心にとめてみるだけのことだ。そのことが、価値観の押しつけや新しい変化の受け入れを反省するきっかけとなるかもしれない。ならないかもしれない。あいだにもいろいろな立ち位置があること、自らもあいだに立つ一人であること、そんなことに思い当たるきっかけとなるかもしれない。もしかしたら、あいだに立つことはつらいことかもしれない。アイデンティティの問題だろうか。でも人間は、たいがい放浪と移住が好きな動物だ。だから私たちは、地に足をつけることで、このあいだに立っていられるのかもしれない。

私はどうやら、流れに身をまかせろと言っているにすぎない。答えは一つも出ていない。今も私は、自分の内にある、この外へと向かう強い力をどう受けとめればよいものかと、ボノボの棲む森で考えている。

あとがき

ミツバチの時期に執筆をはじめ、だいぶ時は流れた。そのあいだ、ミツバチの季節も年変動が大きいことを実感しつつ、本書はほぼすべてボノボが棲む森で執筆された。なんという僥倖だろう。ワンバの仕事は二〇一六年の春に一段落つけたかったが、その後、紆余曲折を経て、二〇一八年にロマコの森で仕事をするチャンスを得た。一つの区切りの時期に本書の執筆の機会を得たことは、本当に恵まれた機縁だったと思う。本書の機会を下さった黒田末壽氏、西江仁徳氏に感謝申し上げます。

本書で触れたワンバ基地の立て直しを担う私の役どころは、他の研究者が後を引き継ぐ性質のものではなかった。そこで、その後の基地運営のため、調査基地に隣接する場所にCREFオフィスを建て、二〇一四年にCREFメンバーがワンバ局長として常駐する体制をはじめた。その後もワンバで問題の尽きることはないが、問題があれば、その解決策を考える、それだけである。

本書の執筆にあたっては、私の経験からできるだけ離れないように努めてみた。そのために、ボノボを紹介する本としては内容が偏ったものになった。個性豊かなボノボの話をもっと盛り込みたかったが、本書の分量を考え、最小限の記述にとどめざるをえなかった。少し心惜しく感じている。また参考文献は、執筆から校正までのほとんどを森のキャンプで進めたこともあり、ワンバに関連する文献を中心に挙げるにとどまった。読者のみなさまにご寛恕を賜りたい次第である。

ふと視線を感じフィールドノートから顔をあげると、そこに座るオトナオスのテンが私にまなざしを向けている。「俺らと大して違うわけでもないのに、お前らはずいぶん遠くまで行っちまったな。」そんな声の聞こえた気がした。いくら私が森のボノボと過ごすことに親しんできたとはいえ、言葉を持たぬボノボの声が聞き取れるような特殊能力を身につけたわけではない。きっとこの声は、テンにこだました私の心の声だろう。

それにしても、ロマコで調査をするようになり、森林伐採の現場を目にする機会が増えた。きっと、日本に住む私たちはもっと、木材の需要を減らす技術開発や国の政策に重きを置くよう努めてよいのだと思う。とくに熱帯の木材需要は、ゼロを目指してよい。いつまでも世界の力の不均衡と搾取に目を背けているわけにもいくまい。生産の現場が見えない消費は、私たちの精神を主知主義にとどまらせる。それは不健康なことだ。自らの消費は、できるだけローカルに、そして持続可能な生産に頼りたい。それ以外は、贅沢として楽しむのがよい。グルメな贅沢など、たまにあるからよいのである。環境への過度の負担と長距離輸送を減らすため、私たちの知識を集め創意工夫を凝らすことは、きっと我が身に自然を感じ、澄んだ喜びに満ちる営みになるに違いない。

私がワンバで調査をはじめたとき、プロジェクトの特任ポストとして明治学院大学国際学部にお世話になった。とくに勝俣誠氏、橋本肇氏、上野寛子氏、そして事務の方々に感謝申し上げます。その後は、京都大学霊長類研究所にほぼ一〇年間、お世話になった。松沢哲郎氏、平井啓久氏、湯本貴和氏には、さまざまな形のご支援をいただいた。いつも無理を聞いてくださった事務の方々と広瀬しのぶ氏、三浦久美氏には、本当に頭があがらない。社会生態部門をはじめとする方々とは、貴重なディスカッションの機会を持てたことをうれしく思う。杉山幸丸氏からは、いつも心温かい鼓舞激励をいただいた。合わせて感謝申し上げます。

ワンバ調査地を維持、発展させてきた諸先輩方がおられなければ、今の私がどうなっていたか、想像もできない。とくに加納隆至氏、黒田末壽氏、伊谷原一氏、古市剛史氏、五百部裕氏、木村大治氏、橋本千絵氏、竹元博幸氏、田代靖子氏に感謝申し上げます。

ワンバ滞在を共にした方々には、さまざまなご迷惑をおかけしたにもかかわらず、いつも基地運営に協力していただいた。すべてのお名前は挙げないが、とくに基地運営の労を共にした柳興鎮氏、徳山奈帆子氏、戸田和弥氏に感謝申し上げます。

ワンバ村でお世話になった方々は多岐にわたる。鬼籍に入られた方も多い。とくに長い時間を共に過ごした方々を代表して、コイ・バトルンボ氏、バッチンデリア・ルーンガ氏、ボリモ・ボンドンベ氏、バフォーテ・バフーチャ氏、イヨカンゴ・バハナンデ氏、バフィーケ・バトゥアフェ氏、バタンダンガ・リコンベ氏、エミケイ・ベサオ氏、イソルンボ・バトゥアフェ氏、バフーチャ・バフーチャ氏、バファルカ・イエンボ氏、ボカ・バトンドンガ氏、バンバンベ・バッチーナ氏に感謝申し上げます。

カウンターパートのＣＲＥＦの中では、はじめの所長であったムワンザ・ドゥンダ氏、次の所長であるイカリ・モンケンゴ氏、研究部門長のバンギ・ムラヴァ氏、それからワンバ局長のバトゥアフェ・バカア氏に、とくに感謝申し上げます。

イヨンジ・プロジェクトでは、その機会を用意してくださったジェフ・デュパン氏に感謝申し上げます。キンシャサのAWFスタッフの中では、とくにプロジェクト担当だったフィラ・カーサ氏と労苦を共にした。イヨンジ村でお世話になった方も多い。かれらを代表して、リンゴモ・ボンゴリ氏、コイ・コイ氏、ボタンゲラ・ルーンガ氏に感謝申し上げます。ICCNのロメン・キャンドゲル氏には、イヨンジ保護区での活動をいつも快く受け入れて下さった。感謝申し上げます。

私が担った一〇年あまりのワンバ基地運営は、ワンバ調査隊の渉外と統括を担当する古市剛史氏と、まさに二人三脚と呼んでよい体制でいくつもの難局を乗り越えてきた。ここにあらためて感謝を申し上げたく思います。

本書は初稿の段階から、京都大学学術出版会の永野祥子氏、そして、本シリーズ編者の黒田末壽氏、西江仁徳氏から、刺激的で懇切丁寧なコメントをいただいた。どれだけ執筆の意欲をわかせてくれたことか、計り知れない。とくに永野氏には、本書の構成から表現の一つひとつ、図表の作成に至るまで、全面的にお世話になった。西江氏からは、巻頭のチンパンジーの赤ん坊のカラー写真を提供いただいた。合わせて感謝申し上げます。

ワンバとイヨンジの調査では、以下の助成を受けました。環境省地球環境研究総合推進費（F-061、西田利貞、D-1007、古市剛史）、日本学術振興会科研費（JP21255006、五百部裕、JP22255007、JP26257408、古市剛史、JP25304019、橋本千絵、16H02753、JP25257407、湯本貴和）、研究拠点形成事業（2009–2011、2012–2014、2015–2017、古市剛史）、ＨＯＰＥプロジェクト（京都大学霊長類研究所、松沢哲郎）、頭脳循環を加速する若手研究者戦略的海外派遣プログラム（S2508）、文部科学省特別交付金（「人類進化」）、京都大学教育研究振興財団、米国魚類野生生物局援助金（96200-0-G017、アフリカ野生生物基金）。

最後に、いつも連絡の取れないフィールドにばかりいて、心配と苦労をかけつづけている家族の者に謝意を表します。

森の懐に抱かれ　安らぎの中
　あなたの子供と戯れる
胸の鼓動　たしかな呼吸
　いつもあなたのもとにいる

二〇二一年二月
坂巻哲也

[4] 三須拓也 2017.『コンゴ動乱と国際連合の危機――米国と国連の協働介入史，1960～1963年』ミネルヴァ書房.
[5] 加納隆至，伊谷原一，橋本千絵 1994.「ワンバのボノボの現状と保護」『霊長類研究』10: 191-214.
[6] 同上
[7] 同上
[8] 同上
[9] 伊谷原一 1990.「ピグミーチンパンジー（*Pan paniscus*） ルオー保護区」『アフリカ研究』37: 65-74.
[10] 木岡伸夫 2017.『邂逅の論理――〈縁〉の結ぶ世界へ』春秋社.
[11] Hohmann G, Fruth B, 2003. Lui Kotal - a new site for field research on bonobos in the Salonga National Park. *Pan Africa News* 10: 25-27.

Furuichi T, 2018. Paternity and kin structure among neighbouring groups in wild bonobos at Wamba. *Royal Society Open Science* 5: 171006.

[39] Shea BT, 1983. Paedomorphosis and neoteny in the pygmy chimpanzee. *Science* 222: 521–522.

[40] Kuroda S, 1989. Developmental retardation and behavioral characteristics of Pygmy chimpanzees. In: *Understanding Chimpanzees*. Heltne PG, Marquardt LA (eds), Harvard University Press, pp.184–193.

[41] 加納，前掲［35］

[42] Furuichi T, 2011. Female contributions to the peaceful nature of bonobo society. *Evolutionary Anthropology* 20: 131–142.

[43] Hare B, Wobber V, Wrangham R, 2012. The self-domestication hypothesis: evolution of bonobo psychology is due to selection against aggression. *Animal Behaviour* 83: 573–585.

[44] Gonder MK, Locatelli S, Ghobrial L, Mitchell MW, Kujawski JT, Lankester FJ, Stewart C-B, Tishkoff SA, 2011. Evidence from Cameroon reveals differences in the genetic structure and histories of chimpanzee populations. *Proceedings of the National Academy of Sciences of the United States of America* 108: 4766–4771.

[45] Hvilsom C, Carlsen F, Heller R, Jeffré N, Siegismud HR, 2014. Contrasting demographic histories of the neighboring bonobo and chimpanzee. *Primates* 55: 101–112.

[46] Wrangham R, Pilbeam D, 2001. African apes as time machines. In: *All Apes Great and Small*, Galdikas B, Briggs N, Sheeran L, Shapiro G, Goodall J (ed), Plenum, pp. 5–17.

[47] Kappeler PM, van Schaik CP, 2002. Evolution of primate social systems. *International Journal of Primatology* 23: 707–740.

[48] Harcourt AH, Harvey PH, Larson SG, Short RV, 1981. Testis weight, body weight and breeding system in primates. *Nature* 293: 55–57.

5章

[1] 加納隆至 1986.『最後の類人猿――ピグミーチンパンジーの行動と生態』どうぶつ社.

[2] Kano T, 1984. Distribution of pygmy chimpanzees (*Pan paniscus*) in the Central Zaire Basin. *Folia Primatologica* 43: 36–52.

[3] IUCN & ICCN, 2012. *Bonobo* (Pan paniscus): *Conservation Strategy* 2012–2022. Gland : IUCN/SSC Primate Specialist Group & Institut Congolais pour la Conservation de la Nature.

(*Pan paniscus*) at Iyema, Lomako Forest Reserve, Democratic Republic of the Congo. *Folia Primatologica* 90: 179-189.

[26] Samuni L, Wegdell F, Surbeck M. 2020. Behavioural diversity of bonobo prey preference as a potential cultural trait. bioRxiv. https://doi.org/10.1101/2020.06.02.130245

[27] Sakamaki T, Nakamura M, Nishida T, 2007. Evidence for cultural differences in diet between two neighboring unit groups of chimpanzees in Mahale Mountains National Park, Tanzania. *Pan Africa News* 14: 3-5.

[28] Samuni et al., 前掲［26］

[29] Sakamaki T, 1998. First record of algae-feeding by a female chimpanzee at Mahale. *Pan Africa News* 5: 1-3.

[30] Nishida T, 2012. *Chimpanzees of the Lakeshore: Natural history and culture at Mahale.* Cambridge University Press.

[31] Luncz LV, Boesch C. 2014. Tradition over trend: Neighboring chimpanzee communities maintain differences in cultural behavior despite frequent immigration of adult females. *American Journal of Primatology* 76: 649-657.

[32] O'Malley RC, Wallauer W, Murray CM, Goodall J. 2012. The appearance and spread of ant fishing among the Kasekela chimpanzees of Gombe: A possible case of intercommunity cultural transmission. *Current Anthropology* 53: 650-663.

[33] Sakamaki T, Nakamura M, 2015. Intergroup relationships. In: *Mahale Chimpanzees:* 50 *Years of Research.* Nakamura M, Hosaka K, Itoh N, Zamma K (eds.), Cambridge University Press, pp. 128-139.

[34] Kappeler PM, van Schaik CP, 2002. Evolution of primate social systems. *International Journal of Primatology* 23: 707-740.

[35] 加納隆至 2001.「*Pan paniscus*の社会構造――子殺しの不在という観点からの再検討」『霊長類研究』17: 223-242.

[36] Wilson ML, Boesch C, Fruth B, Furuichi T, Gilby IC, Hashimoto C, Hobaiter CL, Hohmann G, Itoh N, Koops K, Lloyd JN, Matsuzawa T, Mitani JC, Mjungu DS, Morgan D, Muller MN, Mundry R, Nakamura M, Pruetz J, Pusey AE, Riedel J, Sanz C, Schel AM, Simmons N, Waller M, Watts DP, White F, Wittig RM, Zuberbuhler K, Wrangham RW, 2014. Lethal aggression in *Pan* is better explained by adaptive strategies than human impacts. *Nature* 513: 414-417.

[37] Surbeck M, Langergraber KE, Fruth B, Vigilant L, Hohmann G, 2017. Male reproductive skew is higher in bonobos than chimpanzees. *Current Biology* 27: R623-R641.

[38] Ishizuka S, Kawamoto Y, Sakamaki T, Tokuyama N, Toda K, Okamura H,

[11] 田代靖子 2001.「ワンバ森林で新たに観察されたボノボの肉食」『霊長類研究』17: 271-275.

[12] Hirata S, Yamamoto S, Takemoto H, Matsuzawa T, 2010. A case report of meat and fruit sharing in a pair of wild bonobos. *Pan Africa News* 17: 21-23.

[13] Badrian N, Badrian A, Susman RL, 1981. Preliminary observations on the feeding behavior of *Pan paniscus* in the Lomako forest of central Zaïre. *Primates* 22: 173-181.

[14] Badrian N, Malenky RK, 1984. Feeding ecology of *Pan paniscus* in the Lomako Forest, Zaire. In: *The Pygmy Chimpanzee: Evolutionary Biology and Behavior.* Susman RL (ed), Plenum Press, pp. 275-299.

[15] Hohmann G, Fruth B, 1993. Field observations on meat sharing among bonobos (*Pan paniscus*). *Folia Primatologica* 60: 225-229.

[16] White FJ, 1994. Food sharing in wild pygmy chimpanzees, *Pan paniscus.* In: *Current Primatology, Volume* 2, *Social Development, Learning and Behaviour.* Roeder JJ, Thierry B, Anderson JR, Herrenschmidt N, (eds), Universite Louis Pasteur, pp. 1-10.

[17] Fruth B, Hohmann G, 2002. How bonobos handle hunts and harvests: why share food? In: *Behavioural Diversity in Chimpanzees and Bonobos.* Boesch C, Hohmann G, Marchant LF (eds), Cambridge University Press, pp. 231-243.

[18] Sabater Pi J, Bermejo M, Illera G, Vea JJ, 1993. Behavior of bonobos (*Pan paniscus*) following their capture of monkeys in Zaire. *International Journal of Primatology* 14: 797-804.

[19] Bermejo M, Illera G, Sabater Pi J, 1994. Animals and mushrooms consumed by bonobos (*Pan paniscus*): New records from Lilungu (Ikela), Zaire. *International Journal of Primatology* 15: 879-898.

[20] Hohmann G, Fruth B, 2008. New records on prey capture and meat eating by bonobos at Lui Kotale, Salonga National Park, Democratic Republic of Congo. *Folia Primatologica* 79: 103-110.

[21] Surbeck M, Hohmann G, 2008. Primate hunting by bonobos at LuiKotale, Salonga National Park. *Current Biology* 18: R906-R907.

[22] Surbeck M, Fowler A, Deimel C, Hohmann G, 2009. Evidence for the consumption of arboreal, diurnal primates by bonobos (*Pan paniscus*). *American Journal of Primatology* 71: 171-174.

[23] Fruth et al., 前掲［7］

[24] Sakamaki et al., 前掲［6］

[25] Wakefield ML, Hickmott AJ, Brand CM, Takaoka IY, Meador LM, Waller MT, White FJ, 2019. New observations of meat eating and sharing in wild bonobos

[33]　伊谷，前掲［4］
[34]　Idani，前掲［3］
[35]　Sakamaki et al., 前掲［8］
[36]　Toda K, Sakamaki T, Tokuyama N, Furuichi T, 2015. Association of a young emigrant female bonobo during an encounter with her natal group. *Pan Africa News* 22: 10-12.
[37]　Sakamaki T, Ryu H, Toda K, Tokuyama N, Furuichi, T. 2018. Increased frequency of intergroup encounters in wild bonobos (*Pan paniscus*) around the yearly peak in fruit abundance at Wamba. *International Journal of Primatology* 39: 685-704.
[38]　同上

4章

［1］　Dupain J, Fowler A, Kasalevo P, Sakamaki T, Bongoli L, Way T, Williams D, Furuichi T, Facheux C, 2013. The Process of Creation of a New Protected Area in the Democratic Republic of Congo: The Case of the Iyondji Community Bonobo Reserve. *Pan Africa News* 20: 10-13.
［2］　Sakamaki T, Kasalevo P, Bokamba MB, Bongoli L, 2012. Iyondji Community Bonobo Reserve: a recently established reserve in the Democratic Republic of Congo. *Pan Africa News* 19: 16-19.
［3］　Morgan D, Sanz C, 2003. Naïve encounters with chimpanzees in the Goualougo Triangle, Republic of Congo. *International Journal of Primatology* 24: 369-381.
［4］　河合雅雄 1981.『ニホンザルの生態』河出書房新社.
［5］　中村美知夫 2009.『チンパンジー――ことばのない彼らが語ること』中公新書.
［6］　Sakamaki T, Maloueki U, Bakaa B, Bongoli L, Kasalevo P, Terada S, Furuichi T, 2016. Mammals consumed by bonobos (*Pan paniscus*): new data from the Iyondji forest, Tshuapa, Democratic Republic of the Congo. *Primates* 57: 295-301.
［7］　Fruth B, Hohmann G, 2018. Food sharing across borders: first observation of intercommunity meat sharing by bonobos at LuiKotale, DRC. *Human Nature* 29: 91-103.
［8］　Sakamaki et al., 前掲［6］
［9］　Ingmanson E, Ihobe H, 1992. Predation and meat eating by *Pan paniscus* at Wamba, Zaire. *American Journal of Physical Anthropology Suppl* 14: 93.
[10]　Ihobe H, 1992. Observations on the meat-eating behavior of wild bonobos (*Pan paniscus*) at Wamba, Republic of Zaire. *Primates* 33: 247-250.

residents in bonobos (*Pan paniscus*). *Primates* 42: 91-99.

[16] Sakamaki T, Nakamura M, 2015. Intergroup relationships. In: *Mahale Chimpanzees: 50 Years of Research.* Nakamura M, Hosaka K, Itoh N, Zamma K (eds.), Cambridge University Press, pp. 128-139.

[17] Nishida T, 1968. The social group of wild chimpanzees in the Mahali Mountains. *Primates* 9: 167-224.

[18] Goodall J, 1983. Population dynamics during a 15 year period in one community of free-living chimpanzees in the Gombe National Park, Tanzania. Z. *Tierpsychol* 61: 1-60. ジェーン・グドールが「単位集団」を認める前から「コミュニティ」という言葉を使っていたことは，西江仁徳さんからご指摘いただいた.

[19] Tokuyama N, 2015. A case of infant carrying against the mother's will by an old adult female bonobo at Wamba, Democratic Republic of Congo. *Pan Africa News* 22: 15-17.

[20] Tokuyama N, Furuichi T, 2016. Do friends help each other? Patterns of female coalition formation in wild bonobos at Wamba. *Animal Behaviour* 119: 27-35.

[21] Tokuyama N, Sakamaki T, Furuichi T, 2019. Inter-group aggressive interaction patterns indicate male mate defense and female cooperation across bonobo groups at Wamba, Democratic Republic of the Congo. *American Journal of Physical Anthropology* 170: 535-550.

[22] Ishizuka et al., 前掲［12］

[23] Tokuyama et al., 前掲［21］

[24] Cheney DL, 1981. Intergroup encounters among free-ranging vervet monkeys. *Folia Primatologica* 35: 124-146.

[25] Reichard U, Sommer V, 1997. Group encounters in wild gibbons (*Hylobates lar*): agonism, affiliation, and the concept of infanticide. *Behaviour* 134: 1135-1174.

[26] 黒田末壽 1999.『新版ピグミーチンパンジー——未知の類人猿』以文社.

[27] 加納，前掲［5］

[28] Kitamura K, 1983. Pygmy chimpanzee association patterns in ranging. *Primates* 24: 1-12.

[29] Van Elsacker L, Vervaecke H, Verheyen RF, 1995. A review of terminology on aggregation patterns in bonobos (*Pan paniscus*). *International Journal of Primatology* 16: 37-52.

[30] Furuichi T, 1987. Sexual swelling, receptivity, and grouping of wild pygmy chimpanzee females at Wamba, Zaire. *Primates* 28: 309-318.

[31] Idani，前掲［3］

[32] 同上

3章

[1] 古市剛史，橋本千絵，伊谷原一，五百部裕，榎本知郎，田代靖子，加納隆至 1999.「コンゴ民主共和国ワンバにおけるボノボ研究――ルオー保護区の現状と展望」『霊長類研究』15: 115-127.

[2] Hashimoto C, Tashiro Y, Hibino E, Mulavwa M, Yangozene K, Furuichi T, Idani G, Takenaka O, 2008. Longitudinal structure of a unit-group of bonobos: male philopatry and possible fusion of unit-groups. In: *The bonobos: behavior, ecology, and conservation*. Furuichi T & Thompson J (eds.), Springer, pp. 107-119.

[3] Idani G, 1990. Relations between unit-groups of bonobos at Wamba, Zaire: encounters and temporary fusions. *African Study Monographs* 11: 153-186.

[4] 伊谷原一 2003.「ボノボの単位集団：集団間の遭遇事例から」『霊長類研究』19: 23-31.

[5] 加納隆至 1986.『最後の類人猿――ピグミーチンパンジーの行動と生態』どうぶつ社.

[6] Ihobe H, 1992. Observations on the meat-eating behavior of wild bonobos (*Pan paniscus*) at Wamba, Republic of Zaire. *Primates* 33: 247-250.

[7] Hashimoto et al., 前掲［2］

[8] Sakamaki T, Behncke I, Laporte M, Mulavwa M, Ryu H, Takemoto H, Tokuyama N, Yamamoto S, Furuichi T, 2015. Intergroup transfer of females and social relationships between immigrants and residents in bonobo (*Pan paniscus*) societies. In: *Dispersing primate females: life history and social strategies in male-philopatric species*. Furuichi T, Yamagiwa J, & Aureli F (eds.), Springer, pp. 127-164.

[9] 同上

[10] 同上

[11] Surbeck M, Langergraber KE, Fruth B, Vigilant L, Hohmann G, 2017. Male reproductive skew is higher in bonobos than chimpanzees. *Current Biology* 27: R623-R641.

[12] Ishizuka S, Kawamoto Y, Sakamaki T, Tokuyama N, Toda K, Okamura H, Furuichi T, 2018. Paternity and kin structure among neighbouring groups in wild bonobos at Wamba. *Royal Society Open Science* 5: 171006.

[13] Ryu H, 2017. Mechanisms and socio-sexual functions of female sexual swelling, and male mating strategies in wild bonobos. *PhD dissertation*, Kyoto University.

[14] Hashimoto et al., 前掲［2］

[15] Hohmann G, 2001. Association and social interactions between strangers and

Behavior. Susman RL (ed), Plenum Press, pp. 233–274.

[7] Sakamaki T, 2010. Coprophagy in wild bonobos (*Pan paniscus*) at Wamba in the Democratic Republic of the Congo: a possibly adaptive strategy? *Primates* 51: 87–90.

[8] Kitamura K, 1983. Pygmy chimpanzee association patterns in ranging. *Primates* 24: 1–12.

[9] Sakamaki T, 2013. Social grooming among wild bonobos (*Pan paniscus*) at Wamba in the Luo Scientific Reserve, DR Congo, with special reference to the formation of grooming gatherings. *Primates* 54: 349–359. Figure 5.

[10] Lehmann J, Boesch C, 2004. To fission or to fusion: effects of community size on wild chimpanzee (*Pan troglodytes verus*) social organization. *Behavioral Ecology and Sociobiology* 56: 207–216.

[11] Lucchesi S, Cheng L, Janmaat K, Mundry R, Pisor A, Surbeck M, 2020. Beyond the group: how food, mates, and group size influence intergroup encounters in wild bonobos. *Behavioral Ecology* 31: 519–532.

[12] Sakamaki，前掲［9］

[13] Sakamaki T, Ryu H, Toda K, Tokuyama N, Furuichi, T. 2018. Increased frequency of intergroup encounters in wild bonobos (*Pan paniscus*) around the yearly peak in fruit abundance at Wamba. *International Journal of Primatology* 39: 685–704.

[14] Sakamaki T, 2009. Group unity of chimpanzees elucidated by comparison of sex differences in short-range interactions in Mahale Mountains National Park, Tanzania. *Primates* 50: 321–332.

[15] Shultz S, Opie C, Atkinson QD, 2011. Stepwise evolution of stable sociality in primates. *Nature* 479: 219–222.

[16] Grueter CC, Chapais B, Zinner D, 2012. Evolution of multilevel social systems in nonhuman primates and humans. *International Journal of Primatology* 33: 1002–1037.

[17] Chapais B, 2011. The deep social structure of humankind. *Science* 331: 1276–1277.

[18] Hill KR, Walker RS, Božičević M, Eder J, Headland T, Hewlett B, Hurtado AM, Marlowe F, Wiessner P, Wood B, 2011. Co-residence patterns in hunter-gatherer societies show unique human social structure. *Science* 331: 1286–1289.

[19] Marlowe FW, 2005. Hunter-gatherers and human evolution. *Evolutionary Anthropology* 14: 54–67.

参考文献

1章

［1］ Nishida T (ed), 1990. *The chimpanzees of the Mahale Mountains: sexual and life history strategies.* University of Tokyo Press.

［2］ 中村美知夫 2015.『「サル学」の系譜――人とチンパンジーの50年』中央公論新社.

［3］ 加納隆至 1986.『最後の類人猿――ピグミーチンパンジーの行動と生態』どうぶつ社.

［4］ 河合雅雄 1981.『ニホンザルの生態』河出書房新社.

［5］ Sakamaki T, 2009. Group unity of chimpanzees elucidated by comparison of sex differences in short-range interactions in Mahale Mountains National Park, Tanzania. *Primates* 50: 321–332.

［6］ 坂巻哲也 2010.「野生チンパンジーの『対面あいさつ』の記述分析――その枠組みについて」『インタラクションの境界と接続――サル・人・会話研究から』木村大治・中村美知夫・高梨克也編，昭和堂，pp. 87–109.

［7］ Sakamaki T, 2011. Submissive pant-grunt greeting of female chimpanzees in Mahale Moutains National Park, Tanzania. *African Study Monographs* 32: 25–41.

［8］ Sakamaki T, Nakamura M, 2015. Intergroup relationships. In: *Mahale Chimpanzees: 50 Years of Research.* Nakamura M, Hosaka K, Itoh N, Zamma K (eds.), Cambridge University Press, pp. 128–139.

［9］ 河合，前掲［4］

［10］ 黒田末壽 1999.『人類進化再考――社会生成の考古学』以文社.

［11］ 黒田末壽 2002.『自然学の未来――自然への共感』（シリーズ「現代の地殻変動」を読む5）弘文堂.

2章

［1］ 山極寿一 2006.『サルと歩いた屋久島』山と渓谷社.

［2］ 宮本正興，松田素二（編者）1997.『新書アフリカ史』講談社現代新書.

［3］ 市川光雄 1982.『森の狩猟民――ムブティ・ピグミーの生活』人文書院.

［4］ 加納隆至，加納典子 1987.『エーリアの火――アフリカの密林の不思議な民話』どうぶつ社.

［5］ Furuichi T, 1987. Sexual swelling, receptivity, and grouping of wild pygmy chimpanzee females at Wamba, Zaïre. *Primates* 28: 309–318.

［6］ Kano T, Mulavwa M, 1984. Feeding ecology of the pygmy chimpanzees (*Pan paniscus*) of Wamba. In: *The Pygmy Chimpanzee: Evolutionary Biology and*

ヤ 行

ラ 行

A – Z

タ 行

ナ 行

ハ 行

マ 行

索　引

＊**太字**の数字は写真・動画・図の掲載ページを示す。

ア 行

カ 行

サ 行

Profile

坂巻哲也（さかまき てつや）

1997年、京都大学理学部卒業。旅人と詩人になる夢を保留し、大学院に進学。タンザニアのマハレ山塊でチンパンジーを追跡することに魅せられる。個体識別したチンパンジーが夢に出てくるようになる。2005年、京都大学大学院理学研究科博士課程修了。博士（理学）。原野のチンパンジーの広域調査などを進めた後、2007年、コンゴ民主共和国でボノボの調査をはじめる。日本チームのボノボ調査地ワンバをベースにしながら、国際NGO「アフリカ野生生物基金」のイヨンジ保護区プロジェクトにも参加。2018年、ロマコ森林にベースを移す。夢に出てくるボノボの数は増えてきた。京都大学霊長類研究所研究員などを経て、現在はベルギーのアントワープ動物園が進めるボノボ保全活動、ロマコのツーリズム開発プロジェクトに従事する。

新・動物記 3
隣のボノボ
集団どうしが出会うとき

2021 年 8 月 15 日　初版第一刷発行

著　者　坂巻哲也
発行人　末原達郎
発行所　京都大学学術出版会
京都市左京区吉田近衛町69番地
京都大学吉田南構内（〒606-8315）
電話　075-761-6182
FAX　075-761-6190
URL　https://www.kyoto-up.or.jp
振替　01000-8-64677

ブックデザイン・装画　森　華
印刷・製本　亜細亜印刷株式会社

ISBN 978-4-8140-0336-5　定価はカバーに表示してあります

た膨大な時間のなかに新しい発見や大胆なアイデアをつかみ取るのです。こうした動物研究者の豊かなフィールドの経験知、動物を追い求めるなかで体験した「知の軌跡」を、読者には著者とともにたどり楽しんでほしいと思っています。

最後に、本シリーズは人間の他者理解の方法にも多くの示唆を与えると期待しています。人間は他者の存在によって、自己の経験世界を拡張し、世界には異なる視点と生き方がありうると思い知ります。ふだん共にいる人でさえ「他者」の部分をもつと認識することが、互いの魅力と尊重のベースになります。動物の研究も、「他者としての動物」の生をつぶさに見つめ、自分たちと異なる存在として理解しようと試みています。そして、なにかを解明できた喜びは、ただちに新たな謎を浮上させ、さらなる関与を誘うのです。そこで異文化の人々の世界を描く手法としての「民族誌（エスノグラフィ）」になぞらえて、この動物記を「動物のエスノグラフィ（Animal Ethnography）」と位置づけようと思います。この試みが「人間にとっての他者＝動物」の理解と共生に向けた、ささやかな、しかし野心に満ちた一歩となることを願ってやみません。

シリーズ編集
黒田末壽（滋賀県立大学名誉教授）
西江仁徳（日本学術振興会特別研究員RPD・京都大学）

来たるべき動物記によせて

「新・動物記」シリーズは、動物たちに魅せられた若者たちがその姿を追い求め、工夫と忍耐の末に行動や社会、生態を明らかにしていくドキュメンタリーです。すでに多くの動物記が書かれ、無数の読者を魅了してきた今もなお、私たちが新たな動物記を志すのには、次の理由があります。

私たちは、多くの人が動物研究の最前線を知ることで、人間と他の生物との共存についてあらためて考える機会となることを願っています。現在の地球は、さまざまな生物が相互に作用しながら何十億年もかけてつくりあげたものですが、際限のない人間活動の影響で無数の生物たちが絶滅の際に追いやられています。一方で、動物たちは、これまで考えられてきたよりはるかにすぐれた生きていく術《スキル》をもつこと、また、他の生物と複雑に支え合っていることがわかってきています。本シリーズの新たな動物像が、読者の動物との関わりをいっそう深く楽しいものにし、人間と他の生物との新たな関係を模索する一助となることを期待しています。

また、本シリーズは研究者自身による探究のドキュメントです。動物研究の営みは、対象を客観的に知るだけにとどまらない幅広く豊かなものだということも知ってほしいと願っています。動物を発見することの困難、観察の長い空白や断念、計画の失敗、孤独、将来の不安。そのなかで、研究者は現場で人々や動物たちから学び、工夫を重ね、できる限りのことをして成長していきます。そして、めざす動物との偶然のような遭遇や工夫の成果に歓喜し、無駄に思え

ANIMAL ETHNOGRAPHY

新・動物記

シリーズ編集　黒田末壽・西江仁徳

好評既刊

1 キリンの保育園
タンザニアでみつめた彼らの子育て
齋藤美保

2 武器を持たないチョウの戦い方
ライバルの見えない世界で
竹内　剛

3 隣のボノボ
集団どうしが出会うとき
坂巻哲也